餐桌上的
明白人

让家人吃出健康

栀 夏 编著

中国健康传媒集团

中国医药科技出版社

内容提要

每天我们餐桌上的食品种类繁多、琳琅满目，作为家里的"主厨"，如何挑选食材才能保证家人的身体健康和饮食安全呢？本书就来教您快速在菜场、超市一眼看清蔬菜、肉、水果、豆制品等十大类150种食品，学会从感官上挑选出高质量的放心食材。全书内容简单有效、可靠实用，一书在手，让您做个餐桌上的明白人，让家人放心健康吃"好饭"。

图书在版编目（CIP）数据

餐桌上的明白人：让家人吃出健康／栀夏编著．—北京：中国医药科技出版社，2018.1

ISBN 978－7－5067－9620－0

Ⅰ.①餐… Ⅱ.①栀… Ⅲ.①食品安全－普及读物 Ⅳ.①TS201.6－49

中国版本图书馆 CIP 数据核字（2017）第 249124 号

责任编辑 张 丹
美术编辑 杜 帅
版式设计 曹 荣

出版 **中国健康传媒集团**｜**中国医药科技出版社**
地址 北京市海淀区文慧园北路甲 22 号
邮编 100082
电话 发行:010－62227427 邮购:010－62236938
网址 www. cmstp. com
规格 710×1000mm$^1/_{16}$
印张 17
字数 210 千字
版次 2018 年 1 月第 1 版
印次 2018 年 12 月第 2 次印刷
印刷 香河县宏润印刷有限公司
经销 全国各地新华书店
书号 ISBN 978－7－5067－9620－0
定价 35.00 元

市场上的食物，品种繁多、琳琅满目，无论是新鲜的水果、蔬菜，各式各样的水产、肉类，还是不可或缺的五谷杂粮、调味品，精心包装的各种饮品、方便食品，都是我们的菜篮子、购物车里的常见食物。而我们营养、丰富的饮食，也是从它们而来。

不过，随着食材种类越来越多，农业与工业科技不断的发展，带来的食品安全隐患也越来越多。催熟的、农药残留超标的、违法添加各种添加剂的，为我们的健康饮食蒙上了一层不容忽视的"阴影"。当"病从口入"不再是单单一个引起警惕的词语，而成为生活中的常态，我们不得不越来越注重自己的饮食安全，想方设法为自己和家人的身体健康保驾护航。那么，学会挑选安全的食物，便成为保护自己、家人乃至朋友的饮食安全的第一步，也是最重要的一步。

挑选，是各类食品进入我们日常饮食的第一步，是一门可以通过自己努力、保障自己饮食安全和健康的技术活。为了保证舌尖上的安全，身体上的健康，从现在开始，便要学着挑选安全的食物了。

本书是一本简单、有效、可靠、实用、接地气的购买指南，从与我们日常饮食息息相关的主食、蔬菜、水果、肉类、禽蛋、水产、调味品、饮品、方便食品出发，以简单有效的挑选方法为主要内容，帮助大家迅速掌握技巧，从众多食品当中挑出高品质的安全食品。并以各种食品常见安全问题为辅，帮助大家更了解食品，为杜绝不安全食品进入自己的餐桌奠定了基础。

在食品安全问题越来越受到关注的今天，本书在手，你可以学到有效的购买方法，让新鲜、卫生的食材丰富饮食，巩固健康，让全家人都能放心吃饭！

编　者

2017 年 8 月

Contents

目录

Part 3　新鲜蔬菜，解密其中的"绿色"安全密码

Part 4　练就火眼金睛，挑出安全又美味的健康水果

Part 5　选肉有讲究，过分鲜艳的要格外注意

Part 6　挑选健康的禽蛋，鸡蛋里挑骨头也是理所当然

Part 7　水产以新鲜为好，但是别忽视了新鲜背后的安全"隐患"

Part 8 调味品，舌尖上的美食全靠安全的它们

Part 9 多样饮品，弄懂食品添加剂的是是非非才能喝出真营养

Part 10 方便食品，别让方便迷惑了双眼

Part 11 食品安全里的养生经，吃对才是健康的真"王牌"

10大品类，超过150种常见食品

简单实用的挑选方法，可以规避的食品安全问题

一本书，让你成为餐桌上的明白人，家人饮食健康的守护者

Part 1 民以食为天，

不安全的食品会拖垮你的健康

解读饮食，读懂它对健康的重要性

人体要从食物中获得蛋白质、脂肪、碳水化合物、膳食纤维、维生素、矿物质等营养物质来维持生命最基本的需要，因此饮食对于健康的意义至关重要。随着社会的进步，人们普遍建立起科学、健康的饮食观念。很多人都知道，如果饮食中长期摄入某种营养成分不足，会引发相关疾病，对身体健康不利；但如果不控制饮食，过多地摄入某种营养成分，比如脂肪、盐分等，也会引发肥胖症、高血压、糖尿病、冠心病等多种疾病，威胁身体健康。因此，健康的关键在于合理饮食。

合理饮食是指通过食物搭配能够满足不同个体对营养的需求，在饮食中需注意五个原则：一是充分性，即指从食物中可以获得足量的营养物质；二是均衡性，即所摄入的食物不应过分强调某一种营养而导致其他营养不均衡；三是控制热量，是指摄入的食物能提供正常体重所需的能量，热量过少会影响代谢水平，热量过多会导致热量堆积；四是适度性，即在饮食中摄入单一营养物质要适度；五是多样性，即指多摄入不同的食物类别，这样不仅可以增进营养物质的吸收，还可以避开食物中的不安全因素。研究表明，健康、均衡的膳食方式能大大减少肥胖、营养不均衡等疾病的发生，也能在很大程度上降低癌症的发生风险，因此在日常饮食中，一定要重视合理饮食、营养均衡。

要想做到合理饮食，营养均衡，保证食品安全是第一步，也是至关重要的一步。但是据调查显示，目前我国的食品安全状况并不乐观，食源性疾病成为危害公众健康的最大问题之一。

具体来说，导致食品不安全的因素主要有四点：一是在农作物生长、禽畜养殖环节大量使用农药、兽药，导致农畜产品的安全性得不到保障；二是环境污染日益严重，导致植物、动物体内重金属含量超标，尤其是近海地区，严重的水污染导致近海鱼体内的有害物质累积日渐增多；三是食品加工环节滥用食品添加剂，甚至有不少不法厂家、商贩添加化学剂牟利；四是食品中致病微生物易超标，餐饮环节卫生差，食品安全隐患多，导致食源性疾病频发。

除了以上四个常见因素之外，还存在着保健品夸大宣传、欺骗群众，新形态的食品销售难以监管等问题，都增加了食品安全的风险。同时，目前充斥着大家生活中的快餐类食物、高盐高糖食物，也许安全性可以保证，但是高油、高盐、高糖食物摄入过多，很容易因为营养过剩而引发肥胖、高血糖、心脑血管等疾病，同样对身体健康有较大危害。

因此，面对市面上品种繁多的食品，心存疑虑、保持警惕有必要，学会如何挑选安全可靠的食材更有必要，因为对作为消费者的我们来说，选购是食品进入餐桌的第一步，从第一步开始，挑选出安全又美味的食品，才能在最大程度上保证身体健康。

了解常见食品分类，为健康护航

食品的分类十分复杂，按照原料性质可以分为五谷杂粮类、果蔬类、水产类、乳制品类、肉类、禽蛋类、饮品类等；按照加工深度可以分为即食类、粗加工类、精加工类、深加工类等；按照食用方式可以分为快餐类、蒸煮类、速冻类、烘焙类、休闲类、油炸类。

除此之外，在日常生活中大家经常会听到一些概念，如"绿色食品""保健食品"等，这些食品到底是如何认定的，我们可以如何区分它们呢？

普通食品与无公害、绿色、有机食品的区别

1. 普通食品

普通食品是指供人类食用的，不论是加工的、半加工的或未加工的任何物质，包括在食品制造、调制或处理过程中使用的任何物质。国家标准GB/T15901－1994《食品工业基本术语》则将一般食品定义为可供人类食用或饮用的物质，包括加工食品、半成品和未加工食品，不包括烟草或只作药品用的物质。

2. 无公害食品

无公害食品多指无公害农产品，指的是无污染、无毒害、安全优质的食品。具体来说，无公害农产品是指参考我国国家标准，农产品的产地环境需符合一定的生态环境质量，生产过程必须符合规定的农产品质量标准和规范，并且其中的有毒有害物质残留量需控制在安全质量允许范围内，并通过有关部门授权审定批准，可以使用无公害食品标识的食品，其中不

包括深加工食品。

　　无公害农产品在生产过程中可以使用农药、化学肥料等，但残留量必须在规定的范围内。在购买无公害农产品时要认真查看包装上的无公害农产品标识。

3. 绿色食品

　　绿色食品是只在我国推行的，遵循可持续发展原则生产的无污染的安全、优质、营养类食品，也需要得到认证后才能使用，在食品外包装可以看到绿色食品的标识。绿色食品又分为 A 级和 AA 级两类，在我国的标准中，AA 级接近于有机食品，但是相较于有机食品审核稍微宽松一些。

AA级

A级

4. 有机食品

　　有机食品是指根据国际有机农业生产要求和相应的标准生产加工而成

的，同时被认证为有机食品的农副产品。通俗来讲，就是在生产过程中不使用农药、化肥、生产调节剂、抗生素、转基因技术的食品。有机食品在生长过程中，土壤等环境安全度高，也不受人为添加的化学物质的污染，相较于其他食品来说更安全、健康。但是，这并不代表有机食品营养价值较高。目前市场上，有机食品的概念被很多商家炒作，甚至有很多产品并未得到认证便宣称自己是有机食品。因此在选择时一定要注意包装上"有机食品"的专用标识。我国多用"有机产品"的标识。

🛒 特殊食品与保健食品的区别

1. 特殊食品

特殊食品即特殊膳食食用食品，是为满足某些特殊人群的生理需要，或某些疾病患者的营养需要，按特殊配方而专门加工的食品。这类食品的成分或成分含量，与可类比的普通食品有显著不同。一般来说，特殊食品作为现代科技的食补食疗，遵循"调营理卫、医食同源"，借鉴中医药学"君臣佐使"的配方原则，针对特殊人群提供其容易流失和难以获取的特殊且丰富的营养成分，同时调节人体功能，产品代谢负担最低，具有最高的安全性。

2. 保健食品

保健食品是指具有特定保健功能或者以补充维生素、矿物质为目的的食品，即适宜于特定人群食用，可以声称具有调节人体功能，不以治疗疾病为目的，并且对人体不产生任何急性、亚急性或者慢性危害的食品。目前市面上销售的保健食品都是要经过审批的，对使用的原材料也有严格要求，并不是具有功能的中药饮片都可以用于保健食品中。

不过需要注意的是，保健食品虽然有调节功能，但并不是药物，不能代替药物服用，更不会有十分夸张的疗效，所以挑选时以适合自己为好，不要被广告迷惑了眼睛。此外，在挑选保健食品时要注意外包装上有没有"蓝帽子"标识，如果有就属于保健食品。

其实从广义上来说，保健食品、婴幼儿配方乳粉、其他婴幼儿配方食品、特殊医学用途配方食品都在特殊食品的行列。保健食品由于定义明显，所以会单独介绍。而婴幼儿配方乳粉、其他婴幼儿配方食品、特殊医学用途配方食品的外包装上并无明显标识，不过都会在外包装上以文字形式标出，在购买时要认真查看，仔细选择。

加工食品和天然食品，两者真的差别巨大吗

如今，食品工业的发展让人们享受了很多便利，但也有很多人会产生疑惑：市面上不乏能够贮藏一年、两年的食物，在食品配料表中更是密密麻麻写满了看不懂的名词，这样的加工食品真的安全吗？加工食品的营养又能不能比得上天然食品呢？其实，加工食品与天然食品各有利弊，并没有想象中那么大的差别。

加工与天然，各有利弊

据调查研究表明，加工食品中存在非法添加的问题，但是纯天然的食物中也存在毒素、微生物、重金属超标等严重危害人体健康的问题，所以并不能认为纯天然的食物就是安全的、有营养的，"纯天然"更不能成为购买时的衡量标准。特别是现在市场上一些标榜纯天然的食物，很多并不是真的未经过加工、完全无添加的，而是商家为了提高销量做的虚假宣传，因为国家对纯天然食物并没有相应的标准，所以难免让不法商贩钻了空子。因此在购买时一定要冷静看待，不要被纯天然的宣传误导了，以挑选正规厂家生产的合格、优质食品为宜。

以牛奶为例，不少人为了避开添加过添加剂、经过加工后的成品牛奶，费尽周折到奶牛场里寻找生牛奶，认为这样的牛奶新鲜无添加，比较健康。但是要知道的是，从奶牛场里购买的牛奶没有经过任何检验，在饮用过程中也不能保证处理是否得当，存在未知的健康风险。而且就营养来说，生牛奶购买回来自行蒸煮，相较于工业生产中的巴氏杀菌、超高温瞬间灭菌等方法来说损失的营养会更多。加工牛奶则不同，加工牛奶在包装

前会经过质量检测、消毒等多道工序，能防止乳牛因为口蹄疫、结核病和布鲁斯菌病导致牛奶中存在有害物质，也能防止乳牛因为食用了被黄曲霉污染过的饲料而导致牛奶中有致癌物质黄曲霉毒素超标的危险。

工业加工比传统加工优势多

传统加工方式通过地窖来降低食品周围的温度；通过加盐、加糖来降低食品中的水分，提高食品中的渗透压，起到延长保质期的作用。比如加盐腌制而成的咸鱼、咸肉、咸菜等食物，通过加糖制作而成的果酱、果脯、蜜饯、蜜枣等食物，悬挂风干制作而成的肉干、鱼干、腐竹、菜干、水果干等食物。虽然这样的方法看起来没有任何添加剂，比较安全，但是这样的加工方式存在一定的局限性。一方面，它对食品的品种有要求，并不是所有类别的食品都可以通过加糖、加盐、风干的方式延长保质期；另一方面，糖渍、盐渍而成的食物由于含有大量的糖分、盐分，其实并不利于身体健康，尤其是对糖尿病、高血压患者来说，造成的健康损害更大。而且传统加工方式在腌制过程中不易控制中间生成的物质，可能会出现亚硝盐酸超标、微生物污染生成毒素等问题。

从这方面来说，采用工业加工方式而成的食品具有明显优势。一是全程监测，即在工业生产中，通过仪器监控加工过程、成品质量等，在到达安全标准和营养标准后才能出厂，一般很少会出现亚硝酸盐、微生物超标的现象；二是质量稳定，工业生产的食物通过对食物原材料的配比、温度控制等方式，可以保障各批次之间的食品不会出现太大的误差；三是通过营养强化、调整比例，提高人体的吸收消化效果，比如婴幼儿配方奶粉，由于动物乳与母乳的成分相差较大，不利于婴幼儿的食用，通过调整其中的营养配比、添加一些营养强化剂来模拟母乳，更利于婴幼儿的健康。

总的来说，加工食品也许没有新鲜的果蔬等食用起来健康，但是相较于传统加工来说，在安全性上优势依然比较明显。只是在选购时一定要仔细挑选，选择正规的产品，同时不要长期、大量食用即可。

解开街边摊的秘密，避开食品安全风险

大家都知道街边摊不干净，存在安全隐患，但是上班途中方便且热腾腾的早餐、聚会时喷香的烤肉串等，依然是人们戒不掉的美食。其实，街边摊偶尔吃一两次没有关系，但是长期食用依然存在健康风险。

1. 食品原材料不合格

由于街边摊没有固定场地，很多商贩都抱着"一锤子买卖"的心理，往往使用价格低廉甚至没有安全保障的食品原材料。比如不健康的地沟油，没有经过检疫的肉制品，黑作坊出产的豆制品等，对身体健康造成损害，安全性无从谈起。

2. 食物容易腐坏

街边摊的条件一般十分简陋，特别是炎热的夏季，在没有冰箱冷藏的条件下，肉制品、面制品很容易腐坏，但街边摊一般调料加得多，味道重，致使消费者无法尝出食物变质、异味，吃了之后容易引发腹泻、中毒等反应。

3. 反复使用煎炸油

街边摊为了节约成本，一般会反复使用煎炸油，其中的自由基、反式脂肪酸和丙二醛等致癌物质大量生成，特别是炸焦的物质，其中的致癌物质含量更高，经常食用对人体危害很大。

4. 添加非法物质

为了延长食品原材料的保质期，有些商贩会采用不法手段，比如将水产品、肉制品浸泡在甲醛液中，在麻辣烫汤底中加入罂粟壳，用硫酸亚

铁、硫化钠对臭豆腐进行上色、调味等，让消费者上瘾的同时，还会对健康造成危害。

5. 环境不卫生

街边摊暴露在空气中，很容易被有害微生物污染，尤其是麻辣烫等食物，持续暴露在空气当中，汤汁内微生物很多，食用后可能会感染病菌，发生急性胃肠炎、感染性休克，甚至由于没有进行有效的消毒，交叉感染导致胃炎和乙型肝炎等。

除此之外，从业人员的身体健康状况、流动性大难以监管等都是街边摊容易导致食源性疾病，对人体健康造成危害，却不容易被发现的原因，因此即使被街边摊的香味吸引过去，也要考虑没有营业执照、健康证等现实情况，尽量避免选择路边摊。要知道，安全健康才是选购食物最优先考虑的原则。

食品添加剂与非法添加，注意区别很重要

由于食品生产、加工过程使用食品添加剂的不规范、不可控等因素，导致人们对食品添加剂的信任度较低，在选购时有诸多不放心，那么，如何区别食品添加剂与非法添加剂呢？

食品添加剂，有其不可替代性

食品添加剂是为改善食品色、香、味等品质，以及为防腐和加工工艺的需要而加入食品中的人工合成或者天然物质。我国商品分类中的食品添加剂种类共有35类，比较常见的有防腐剂、抗氧化剂、着色剂、增稠剂、稳定剂、膨松剂、甜味剂、酸味剂以及香料等。其中，《食品添加剂使用标准》和国家卫计委公告允许使用的食品添加剂分为23类，共2400多种，制定了国家或行业质量标准的有364种。食品添加剂大大促进了食品工业的发展，并被誉为现代食品工业的灵魂，这主要是它给食品工业带来许多好处，其主要作用如下。

1. 防止变质

防腐剂具有防止由微生物引起的食品腐败变质，延长食品的保存期，防止由微生物污染引起食物中毒的作用。抗氧化剂具有阻止或推迟食品氧化变质，以提供食品的稳定性和耐藏性，同时防止可能有害的油脂自动氧化物质形成的作用。

2. 改善感官

适当使用着色剂、护色剂、漂白剂、食用香料以及乳化剂、增稠剂等

食品添加剂，可以明显提高食品的感官质量，满足人们的不同需要。

3. 保持营养

在食品加工时适当地添加某些属于天然营养范围的食品营养强化剂，可以大大提高食品的营养价值，这对防止营养不良和营养缺乏、促进营养平衡、提高人们健康水平具有重要意义。

4. 方便供应

市场上已拥有多达 20000 种以上的食品可供消费者选择，尽管这些食品的生产大多通过一定包装及不同加工方法处理，但在生产工程中，一些色、香、味俱全的产品，大都不同程度地添加了着色、增香、调味乃至其他食品添加剂。正是这些众多的食品，尤其是方便食品的供应，给人们的生活和工作带来极大的方便。

除此之外，食品添加剂还可以满足人们不同的需求，比如糖尿病患者不能吃糖，可以食用用无营养甜味剂或低热能甜味剂制成的无糖食品，来满足他们的需求。因此，只要食品添加剂符合 GB 2760 等标准公告中的相应的使用范围、使用量添加，用在合格、优质、不得不用的原材料中，符合食品添加剂"不应掩盖食品腐败变质""不应掩盖食品本身或加工过程中的质量缺陷而使用食品添加剂"的使用原则，一般不会对身体健康造成损害，不用过度解读食品添加剂。

🛒 非法添加日益泛滥，危害极大要警惕

随着社会的发展，食品行业不断被曝光有非法添加化学物质、滥用食品添加剂、滥用兽药等问题，这些加入了非法添加剂的食品流向市场，会对消费者的健康造成严重威胁，因此了解非法添加剂，是保障食品安全的重中之重。

1. 非法添加化学物质

非法添加化学物质在食品生产中屡禁不止，以至于大家都为食品安全担惊受怕。近年来常见的非法添加化学物质如下表，在选购食品时要格外注意。

食品中可能非法添加的非食用物质表

序号	名　　称	可能添加的食品品种
1	吊白块	腐竹、粉丝、面粉、竹笋
2	苏丹红	辣椒粉、含辣椒类的食品、鸭蛋
3	王金黄、块黄	腐皮
4	蛋白精、三聚氰胺	牛奶及奶制品
5	硼酸与硼砂	腐竹、肉丸、凉粉、凉皮、面条、饺子皮
6	硫氰酸钠	牛奶及奶制品
7	玫瑰红 B	调味品
8	美术绿	茶叶
9	碱性嫩黄	豆制品
10	工业用甲醛	海参、鱿鱼干等水产品，血豆腐
11	工业用火碱	海参、鱿鱼干等水产品，生鲜乳
12	一氧化碳	金枪鱼、三文鱼
13	硫化钠	味精
14	工业硫黄	白砂糖、辣椒、蜜饯、银耳、龙眼、胡萝卜、生姜
15	工业染料	小米、玉米粉、熟肉制品
16	罂粟壳	火锅底料、小吃类
17	皮革水解物	牛奶及奶制品、含奶饮料
18	溴酸钾	小麦粉
19	β-内酰胺酶	牛奶及奶制品
20	富马酸二甲酯	糕点
21	工业用矿物油	陈化大米
22	工业明胶	冰淇淋、肉皮冻
23	工业酒精	勾兑假酒
24	敌敌畏	火腿、鱼干、咸鱼等制品
25	毛发水	酱油
26	工业用乙酸	勾兑食醋

（续表）

序号	名　　称	可能添加的食品品种
27	肾上腺素受体激动剂	猪肉、牛羊肉及动物肝脏
28	硝基呋喃类药物	猪肉、禽肉、动物性水产品
29	玉米赤霉醇	牛羊肉及动物肝脏、牛奶
30	抗生素、镇静剂	猪肉
31	荧光增白物质	双孢蘑菇、金针菇、白灵菇、面粉
32	工业氯化镁、磷化铝	木耳
33	馅料原料漂白剂	焙烤食品
34	酸性橙Ⅱ	黄鱼、腌卤肉制品、红壳瓜子、辣椒面、豆瓣酱
35	氯霉素	生食水产品、肉制品、猪肠衣、蜂蜜
36	喹诺酮类	麻辣烫类食品
37	水玻璃	面制品
38	孔雀石绿	鱼类
39	乌洛托品	腐竹、米线
40	五氯酚钠	河蟹
41	喹乙醇	水产养殖饲料
42	碱性黄	大黄鱼
43	磺胺二甲嘧啶	叉烧肉类
44	敌百虫	腌制食品

2. 滥用食品添加剂

食品添加剂在规定范围内使用，其安全性是经过证实、有保障的，但是部分厂家、商家为了追求利润，超范围、超剂量使用食品添加剂，则会给人们的身体健康造成隐患。据调查研究显示，目前发现的滥用食品添加剂的食品有泡菜、葡萄酒、水果冻、腌菜、面点、糕点、油条、卤制熟食、腌肉制品、臭豆腐、小麦粉、乳制品、膨化食品、鲜瘦肉、陈粮等。

3. 非法添加兽药

非法添加兽药多发生于禽畜养殖环节，虽然我国颁布了多部法规来对养殖环境兽药的使用范围和使用量进行规范，但是仍然有一些不法养殖户会非法使用兽药。目前市场上检测出的有禁用药物氯霉素、呋喃唑酮、呋喃它酮及限制使用的药物恩诺沙星、磺胺喹恶啉等，造成禽畜肉中兽药残留，严重危害人体健康和生命安全。

由于非法添加剂常出现在生产加工环节，难以检测，所以在购买时选择大型超市、连锁店、直营店相对来说更安全，因为这些店铺的进货渠道更加可靠，在进货时会对货物的来源查验的更加仔细，一旦出现问题会及时召回、下架等。同时要避免买流动摊贩的肉制品、蔬菜等，这些流动的食品缺乏有效监管，很容易农药残留超标、非法使用添加剂、禽畜肉为病死肉等，安全性保障低。

总体来说，严格把控购买关，保障食物多样性，才是均衡营养、保证食品安全的关键。

食品包装袋，您认真看了吗

在选购食品时，理性的购买方式并不是听信品牌、广告宣传，而是要认真对比相同产品，查看外包装的食品标签有什么不同。那么，查看食品标签时该看哪些内容呢？

查看食品标签时要看三大内容

1. 食品生产许可证编号

食品生产许可证编号以 SC 打头，后面包含 14 位数字，前 3 位为食品类别编码，第 1 位数字为"1"代表食品，为"2"代表食品添加剂，第 2、3 位数字代表食品、食品添加剂类别编号；之后 2 位代表省（自治区、直辖市）代码；2 位代表市（地）代码；2 位代表县（区）代码；4 位代表顺序码；最后 1 位代表校验码。正规的食品所标示的 SC 编码可以在国家食品药品监督管理总局的网站上查询到厂名、厂址，如果与外包装上标示的一致，则为正规食品。

2. 配料表

配料表反映食品到底是由什么食品原料、食品添加剂制成的，在其中也可以大概看出各成分的含量。根据国家标准规定，预包装食品中的各种配料应按制造或加工时的加入量进行递减排列，即表明在配料表中成分越靠前，其含量就越高，属于食品添加剂的配料也可以在食品配料表中看到。

有些食品的配料表所含的物质非常多，要认真辨认其中是否含有大量的糖、钠、脂肪、反式脂肪酸等对身体健康存在威胁的物质。一般食物的配料表中常出现白砂糖、麦芽糖、红糖、玉米糖浆、蜂蜜、水果浓缩汁，都属于添加的糖类；而含有氢化植物油、人造奶油、起酥油、植物性奶油等成分的食品，在加工过程中容易产生反式脂肪酸。

3. 营养成分表

我国的营养成分表包含三部分：营养成分名称、含量值、营养素参考值百分比（NRV%）。在营养成分表中需要标识"1＋4"，即必须标注出能量和蛋白质、脂肪、碳水化合物、钠的含量。一般营养成分表第三列标识的是营养素参考值（NRV%），是依据我国居民膳食营养素推荐摄入量和适宜摄入量制定的，用作选择食品时的营养参照尺度。

如何根据营养标签选购食物

一是看蛋白质和脂肪的含量。一般来说，要选择蛋白质含量高而脂肪含量低的食物。国家标准规定，每 100 克食品中蛋白质含量大于等于 12 克或每 100 毫升食品中蛋白质含量大于等于 6 克即为高蛋白食物。同样，标注低脂肪的食品中，100 克食品中脂肪含量小于等于 3 克或 100 毫升食品中脂肪含量小于等于 1.5 克，即为低脂肪食品；二是看钠含量，尽量选择钠含量低的食物；三是选择配料表中食品添加剂成分较少的食物。

发酵与发霉不同，要区别对待

我们都知道发霉的食物不能食用，但是仔细想想，毛豆腐、豆腐乳等都会产生一层白白的菌毛，却说是营养丰富、口味独特，那么到底什么是发霉，什么是发酵，两者之间有什么区别呢？

什么是发霉，什么是发酵

1. 发霉

发霉是对人体有害的真菌大量繁殖造成的，造成发霉的真菌、毒素种类也非常多，而且不同的霉菌毒素毒性也不同，总体来说可以分为肝毒性、肾毒性、神经毒性、细胞毒性等，不仅会引发中毒反应，还会对肝肾造成损伤，严重的甚至会致癌、致畸和致突变。常见的有黄曲霉、青霉等，其中黄曲霉毒素就是一类致癌物，摄入过多会致癌、致畸。

要注意的是，发霉的食物虽然表面上只有小小一团绿色的菌毛，但实际上其菌丝已经深入食物的内部，在内部结成一张巨大的网，所以，对于发霉食物千万不要因为可惜而去掉发霉的部分继续食用，那样带来的食品安全隐患难以想象。而且在食物的腐败过程中，参与的不仅仅是霉菌，还有细菌和酵母。在微生物的作用下，食品中的蛋白质、糖、脂肪等会被分解，发出难闻的味道，因此食物出现绿毛，散发异味就不要再吃了。

2. 发酵

发酵是人们利用有益微生物加工制造食品的一种方法，经过发酵制成的食品具有独特的风味，如臭豆腐、毛豆腐、奶酪等在制作过程中都会长白毛，这种白毛其实是毛霉菌丝，可以安全食用。还有一些食物是在酵母菌的作用下分解产生的，如葡萄酒、醋、酱油等，酵母菌的品种繁多，对人体有益。除此之外，在酸奶中会有乳杆菌、保加利亚杆菌、嗜热链球菌等，在醋中有醋杆菌，这些菌种的存在和作用极大地丰富了食物的品种，对人体也有一定的有益作用。一般来说，利用发酵工业制成的有酒精饮料、乳制品、豆制品、发酵蔬菜、醋、黄酱、酱油、味精等。

🛒自制食品如何分辨发酵还是发霉

日常生活中，很多人喜欢在家自制一些葡萄酒、豆腐乳、腌菜、果醋等食品、饮品，要想制作这类食品、饮品，利用的就是发酵工艺。但是发酵和发霉在外表上很难判别，我们应该如何分辨自己所做的食品、饮品是发酵还是发霉了呢？

1. 看颜色

一般酵母菌发酵长出的菌毛为白色或浅灰色，而霉菌大多为绿色、深灰色、黑色或棕色。

2. 闻气味

食品、饮品在正常发酵过程中不会有太强烈的酸臭味，而霉变食物的气味很强烈，甚至有异味、臭味等。

3. 尝味道

自制发酵食品制作完成之后，最好先尝一下，如果味道不正宗、有异味，建议不要食用了。

其实，现代食品工业发展的技术已经可以严格控制发酵过程中的有益物质和有害物质含量了，所以建议尽量避免家庭自制食物，不然难以检测其中的有害物质是否超标，对健康无益。

刷爆朋友圈的广告，不可尽信

目前，食品广告已经遍布我们的生活，无论是传统的电视广告、户外广告、卖场广告，还是互联网广告、各种社交平台的广告等，堪称五花八门。但是，这些充斥生活、刷爆朋友圈的食品广告内容是真是假、食品安全是否有保障等，都是我们需要思考的问题。

哪些广告宣传不可信

1. 无蔗糖

随着人们对健康的重视，很多人选择食物时都会刻意避免高糖食物，一些厂家、商家就顺应"潮流"，在食品外包装上标注"无蔗糖""不含蔗糖"等广告语。其实，蔗糖是日常接触的白砂糖、红糖等从甘蔗中提取出来的糖，没有想象中那么可怕。而广告所说的"无蔗糖"并不代表未添加任何糖，在食品工业中可以替代蔗糖的甜味剂有很多，比如以淀粉为原料制作出来的糊精、麦芽糊精、麦芽糖浆、葡萄糖浆、果葡糖浆等。除此之外，很多食品中还会添加淀粉、油脂等来增加口感，相对单纯添加蔗糖可能热量更高。因此并不是宣传"无蔗糖"就是无糖的，高血糖、糖尿病患者尤其要区别这一点。

2. 不含胆固醇

在一些食用油或食物中常会看到"本品不含有胆固醇"的说法，其实胆固醇只存在于奶制品、肉制品、动物油脂中，植物油、水果蔬菜制品、面食等并不会含有胆固醇，所以"本品不含有胆固醇"不是通用的。而且，含有胆固醇并不一定对健康不好，适量摄入一些胆固醇反而有益于新陈代谢，相比之下，使用棕榈油等植物油的产品，虽然其中不含胆固醇，但是所含的饱和脂肪酸比动物油脂含量更高，并不是什么更营养健康的食物。

3. 零反式脂肪酸

当前研究表明，反式脂肪酸对心脑血管健康有危害。在蛋糕、薯片、饼干、咖啡伴侣、糕点等很多食物中都含有反式脂肪酸，一些厂家为了显示自己的商品更加健康，会在外包装上突出标注"零反式脂肪酸"的广告语，但值得注意的是，"零反式脂肪酸"并不代表其中不含有反式脂肪酸，在国家标准中，只要含量低于一定的标准就可以标识反式脂肪酸为零。在购买时不能只看其宣传，更要看看配料表中有没有氢化植物油、人造黄油、植脂末等。

4. 不含食品添加剂、不含防腐剂、不含色素

食品添加剂是现代食品工业的灵魂，在国家标准下使用的安全性是可以得到保障的，部分企业为了在市场上竞争，会在外包装上标有"本品不含食品添加剂、不含防腐剂、不含色素"的广告语，这种宣传会让消费者误认为食品添加剂、防腐剂和色素并不是好东西。虽然超标、滥用等的确不好，但是在规定范围内使用是可以的，不用谈食品添加剂而色变。

5. 含高膳食纤维、全麦

在饼干、面包等产品中，常常会标识含高膳食纤维或全麦，对于很多人来说，觉得选择这类食品相对会比较健康。但是，当仔细翻看此类食品包装时会发现很多标识了"全麦"的产品的配料表中，小麦粉的含量很高，而全麦粉、麦麸、燕麦只占据了很小的一部分，并不算是真正意义上的全麦食品。而含有的高膳食纤维的食物吃起来应该非常粗糙，难以下咽，但有些标识含有高膳食纤维的食物吃起来也十分顺滑，这是因为在产品中加入了大量的油脂来增加口味，让消费者喜欢。这样口感顺滑的高纤维食物非但不健康，还会含有大量的油脂，带来更多热量。

6. 富含维生素 C

很多果汁都标注富含维生素 C，其实在食品工业中，维生素 C 作为一种抗氧化物质被广泛地用于食物中。况且，添加的维生素 C 几乎都是合成的，与其他食品添加剂一同配制成为一杯饮料，并不值得宣扬。

宣传得再好，有些食品也不能选

1. 无标识的三无产品

现在的很多人被误导，认为市场上销售的包装食物是食品工业加工而成的，免不了会添加食品添加剂，而一些家庭自制的，标榜"纯手工，无添加"的食物，相比之下更安全、健康，但是却忽略了这样的食品是无生产日期、无质量合格证以及无生产厂家的三无产品。就像自制的蛋糕、饼干等，在制作工艺中避免不了使用酵母、小苏打等食品添加剂，因此即使是自制的食物也并非"无添加"，反而会因为没有精准的称量工具和记录，导致添加的食品添加剂过量等。此外，食品在制作过程中很容易导致细菌超标，偶尔在家少量自制一些自己食用还可以避免危险，当制作多份、对外销售时，会因为控制不好环境、温度、食品添加剂而造成细菌大量超标，从而引起腹泻、中毒等严重的后果。

2. 无中文标签的进口食品

现在很多人会选择网上代购食品，价格比超市、商场的便宜，还是外国制造，认为比国产、进口来得更有保障。其实不然，代购的食品在一定程度上算是走私货，并不是经国家检验检疫后安全可靠的进口食品。我国规定，凡是销售的进口食品，都要在食品外包装上加贴对应的中文标签方可销售，在标签上必须载明食品名称、配料成分、净含量和固体物含量、原产国家或地区、商品生产日期、保质期、制造、包装、分装或经销单位的名称和地址，以及在我国境内的总经销商的名称和地址等诸多信息，才算是合格的产品。因此没有一个中文字的进口食品并没有看上去那样高大上，还有可能在加工过程、储存、运输等方面存在安全隐患。而且一旦出现问题无法追究责任。

3. 夸大疗效的食品

食品在销售过程中，其外包装及广告宣传都有严格的规定，商家在制作广告时要经过相关部门的审核，因此广告宣传中的疗效相对比较真实。而自己在网上、朋友圈选购的食品，多是私人途径、一对一宣传，很难保障在销售过程中不会出现虚假宣传、夸大宣传，甚至有的商家、个人等会将普通食品宣传得像药物一样有治疗功效，误导消费者，这是不可信的。

总的来说，消费者在购买食品时，要理智，多比较，选出适合自己的产品，千万不要轻易相信广告，花大价钱反而买到不适合自己，甚至更不营养、健康的食品。

Part 2　五谷为养，

食品安全从我们熟悉的主食开始

粗粮与细粮，营养大不同

以五谷杂粮为主食是我国饮食的特点，五谷杂粮几乎提供了居民每日摄入能量的一半，千百年来的饮食习惯，让我国粮食制品的品种越来越多样，不过一般情况下可以以粗粮和细粮来分类。

🛒 深入了解粗粮与细粮，作用多多

1. 粗粮

玉米、小米、红米、黑米、紫米、高粱、大麦、燕麦、荞麦等谷物类，黄豆、绿豆、红豆、黑豆、青豆、芸豆、蚕豆、豌豆等杂豆类，以及红薯、山药、土豆、芋头等薯类，即我们平时所说的粗粮。所谓粗粮，是未经过精磨而成的粮食，在制作过程中几乎不破坏谷粒的结构，口感粗糙，营养丰富。

一般来说，粗粮中含有丰富的不可溶性纤维素，有利于保障消化系统正常运转。它与可溶性纤维协同工作，可降低血液中低密度胆固醇和甘油三酯的浓度；增加食物在胃里的停留时间，延迟饭后葡萄糖吸收的速度，降低高血压、糖尿病、肥胖症和心脑血管疾病的风险。除此之外，每种粗粮所含的营养元素还各有所长。比如燕麦富含蛋白质；小米富含色氨酸、胡萝卜素、铁和 B 族维生素；豆类富含优质蛋白、脂肪；高粱富含脂肪酸、铁等。

2. 细粮

细粮是经过精磨处理剩下中间柔软粉质的部分，大米和小麦是仅能做

成"细粮"的两种食物，也是我们日常生活中最常吃的主食。大米和小麦在精磨过程中，谷皮、糊粉层和大部分谷胚被去除，只剩下胚乳部分，谷粒所含的维生素、矿物质、脂质损失很多。由于精加工程度越高，营养损失越大，目前市场上主要销售的是九五米和八五面，保留了一些皮层和米胚来减少营养成分的损失。

细粮容易被消化，具有一定的补益作用，不过由于其几乎不含纤维素，在食用后迅速被消化后变成葡萄糖，会进入血液中，特别容易升血糖。白米饭的和白馒头都属于高血糖生成指数食物，长期食用对于血糖调控不利，因此，粗细搭配的食用方法最为适宜。

🛒 学会吃粗粮，粗细搭配效果最好

1. 粗粮要循序渐进地吃

现代饮食中，大部分人的肠胃早已习惯精白米、精白面，因此在刚开始吃粗粮时会引起胀气、消化不良、腹泻等症状，如果突然间大量、频繁食用，甚至会影响营养吸收，不利于健康，所以粗粮要循序渐进地吃。

2. 粗粮要分人群食用

粗粮虽好，但是由于不同人群的消化特点不同，还是要分人群食用。对于健康成年人以及高血脂、高血糖患者，适当食用粗粮对身体健康大有益处。但是对于老年人、儿童、孕产妇、正在长身体的青少年以及脾胃消化弱的特殊人群来说，要尽量少吃粗粮。

3. 粗粮要适当搭配食用

虽然粗粮比细粮营养丰富，但由于其纤维质过高，并不是吃得越多越好，一周内有 2 ~ 3 天摄入粗粮即可。而且粗粮与细粮、与其他粗粮搭配食用效果更好。比如粗粮与细粮结合，可以用全麦粉和小麦粉一起蒸馒头，用精米和糙米混合蒸饭，既能避免给肠胃造成负担，又能促进营养吸收。粗粮与其他粗粮结合，如八宝粥，将不同粗粮富含的营养搭配在一起，起到增强营养的效果。

大米种类多，挑选有方法

大米是稻谷经清理、砻谷、碾米、成品整理等工序制成的成品，是我们的日常主食之一。随着科学技术的发展，大米的制作方法也越来越多。比如现代新型大米应用色选、风选、去菌除尘、灭菌绝虫、抗菌、阻氧、抑酶、仿生包装等加工技术，使大米更卫生、安全，鲜香营养，损耗更小。

大米分类多， 学会区分是关键

1. 按照淀粉结构区分

按照淀粉类型可以将大米分为籼米、粳米和糯米三种。

（1）籼米也称为长粒米，是指用籼型非糯性稻谷制成的大米，适合在亚热带、热带种植，如泰国香米。米粒一般呈长椭圆形或细长形，半透明状态，黏度较差。籼米在谷物中蛋白质含量较高，氨基酸比例较小麦、大麦、小米、玉米等谷物高，但其中的赖氨酸和苏氨酸的含量较少；籼米中含有75%的碳水化合物，主要为淀粉，蒸煮后较粳米口感软。

（2）粳米是指用粳型非糯性稻谷制成的米，如五常稻花香。米粒一般呈椭圆形，丰满肥厚。粳米的直链淀粉和蛋白质含量都比籼米少，没有籼米煮出来的粥黏度高，口感较硬。我国的粳米主要产自华北、东北、苏南，产量低于籼米。

（3）糯米是指用糯性稻谷制成的米，颜色呈乳白色，不透明，根据粒型可以分为籼糯米和粳糯米，煮熟后黏性很大，米粒之间相互粘连不易分离，常用来制作粽子、米糕、汤圆等食物。

2. 按等级区分

按照加工精度可以将大米划分为 1 ~ 4 级，1 级大米的加工精度高于 4 级大米，但并不是说 1 级大米的营养价值更高，相反，大米的谷皮和糊粉层有很多营养物质，加工得越精细营养物质损失越多，营养价值反而越低。

3. 按包装区分

按照包装可以将大米分为散装大米和包装大米，而包装大米中又有一种真空包装的大米。在选购时，散装大米一般暴露在空气中，其中所含的杂质较多，容易被微生物污染，保质期相对来说比较短。而包装大米保质期相对来说更长，也比较安全，只是在购买时要注意包装上的等级、生产日期及生产商信息等，确认是正规厂家生产的再购买即可。

挑选大米， 常用方法要记牢

1. 看味道

抓一把大米放在鼻子前闻一闻，味道清香自然的是好大米，有异味的大米不宜选购。

2. 看触感

抓一把大米用手使劲搓一下，如果大米经过搓揉以后依旧十分润滑，说明大米的质量很好，如果搓揉以后大米粘手的话，说明大米质量有问题。

3. 看硬度

可以取一粒米咬一下，如果大米硬度很强，说明大米的蛋白质含量比较高，如果硬度较低，说明大米是陈米。

4. 看腹白

取一粒大米观察腹白，看腹部有没有一个不透明的白斑，白斑越大，说明大米含水分越高，收割的时候大米越不够成熟。

5. 看裂纹

观察大米是不是有裂开的情况，如果看到一条或多条横裂纹，说明大米质量一般，营养价值较低。

6. 看颜色

如果大米色泽较暗、变黄且手感粗糙，没有大米原有的香味，说明大米是陈米，不宜选购。

🛒 购买大米时，常见问题要注意

1. 区分糙米与粗加工米

糙米即完整的种子，是指胚、果皮、种皮、糊粉层和胚乳保存完整的大米，其口感粗糙，不易下咽。粗加工米是经过传统工艺一次脱壳而制成的大米，颗粒并不完整，相较糙米来说口感更软。

2. 大米变色不宜选购

颜色发黄、发红的大米极有可能在贮藏过程中被霉菌污染了，这样的大米含有大量毒素、致病菌，很容易造成肝肾毒性，影响身体健康，所以不宜选购与食用。

3. 注意含砷超标的大米

砷不是人体必需的元素，摄入过多会引起急性毒性，而水稻在生长过程中会富集砷，所以大米中也会残留一定量的砷。一般市场上出售的大米砷含量低于 150 微克/千克，这也是我国对大米砷含量的标准规定，摄入时无须担心。不过由于环境污染，有些地区土壤中重金属的含量会超标，导致积累在大米中的含量超标，危害身体健康，所以在购买时尽量不要选购散装的无任何标识的大米。

4. 注意被抛光的大米

在购买大米时会发现有些米很有光泽，而有些米看起来比较暗淡，很多人认为越亮的米代表越新鲜越好，其实并非如此。因为有些不法商贩会将发霉的米或陈米进行抛光，再涂抹一些食用油来增加色泽和光滑度，这样的大米虽然看起来十分漂亮，但是问题很多。所以在购买时要结合上面所讲的选购方法综合考量，不要只看光泽度。

5. 区分新米与陈米

大米作为农产品，其包装外标识的为加工日期，并无准确的收割日期，在市场上会有大量米都是陈米，相对之下，陈米在贮藏过程中其营养价值会降低、口感不如新米清香，但也不是不能食用，只要是正规路径加工生产的米，即使稍微陈旧一些也没关系，但是太陈的米就不要选购了。

如果要选购新米的话，可以通过这几种方法进行区分：一看米粒的腹白，新米的腹白呈乳白、淡黄色，陈米的腹白颜色会变深；二看颜色，陈米中会存在一些黄粒米，颜色呈灰粉状；三是闻香味，新米具有清香的米味，而陈米几乎没有味道；四看水分，新米颗粒中的水分较多，颗粒饱满。

多种面粉，分类挑选

面粉即小麦粉，是由小麦磨成的一种粉状物，主要成分为淀粉、蛋白质，还含有纤维素、矿物质、维生素等营养成分，是世界上最主要的主食原料之一。

了解面粉分类，挑选适合自己的

1. 按等级分

根据小麦粉的加工程度可以将面粉进行等级划分，划分指标是灰分含量。具体可以分为特一粉、特二粉、标准粉和普通粉，特一粉和特二粉统称为精白粉。等级越高，出粉率越低，颜色越白，口感越细腻，但是代表谷物的糊粉层和谷胚去除的越多，营养损失越严重。还有一种被叫作麦心粉的小麦粉，通常是比特一粉加工程度更高，但维生素、矿物质、脂质等营养物质损失也更多。

2. 按蛋白质的含量分

根据面粉中的蛋白质含量，可以将面粉划分为高筋面粉、中筋面粉、低筋面粉及无筋面粉。高筋面粉的蛋白质含量一般在10%以上，在13%以上的还被称为特高筋面粉，高筋面粉的延展性极佳，有筋道，多用来做面筋、油条、面包、面条等；中筋面粉蛋白质在8.5%以上，一般无特殊标注，多用于制作包子、馒头、饺子、烙饼等中式面食；低筋面粉蛋白质在8.5%以下，因其无筋力，通常用来制作蛋糕、饼干、小西饼点心、酥皮类点心等比较松软的食品；无筋面粉也被称为小麦淀粉，多用于制作虾饺、粉果、肠粉等点心。

3．按用途分

根据小麦硬度、蛋白质含量等的不同，面粉可以按照多种用途区分。比如饺子粉、面包粉、面条粉等，通过这些标识将面粉变为专用面粉。但是按照用途区分的面粉只是说用这类面粉做这个面点最合适，而不是只能做这个面点，即面包粉更适合做面包，但不仅仅是可以做面包。

🛒 选购面粉， 注意事项供参考

1．看包装

尽量购买有包装的面粉，仔细查看包装上的面粉名称、质量等级、生产厂家、生产日期、保质期等信息，不要选购无任何信息、来源不明的面粉。

2．看颜色

面粉的自然色泽为乳白色或淡黄色，特制粉颜色会稍微白一些，质量差的面粉色泽会稍微深一些。如果过白、过暗则有可能添加了增白剂等添加剂，不宜选购。

3．闻气味

质量好的面粉气味正常，略带些麦香味；质量差的面粉有酸、臭、霉等异杂气味。使用增白剂、吊白块的面粉，会破坏小麦原有的香气，涩而无味，甚至会带有少许化学药品的气味。

4．看触感

用手抓一把面粉使劲捏，松手后若面粉随之散开，则是水分正常的好面粉；若不散开，则是水分过多的面粉。手感绵软的面粉质量好；过分光滑的面粉质量差。另外，查看面粉中是否有虫子、砂石等异物，如果有则不宜选购。

6 种常见豆类，分类挑选营养好

豆类的品种很多，主要有大豆、蚕豆、绿豆、豌豆、赤豆、黑豆等。根据豆类的营养素种类和数量可将它们分为两大类。一类以黄豆为代表的高蛋白质、高脂肪豆类。一种是以绿豆、赤豆为代表的高碳水化合物的豆类。在国家标准中，豆类以三等为中等标准，低于五等为等外豆类。

豆类要分类选购

1. 大豆

大豆一般指黄豆，是蛋白质含量高、质量佳的作物之一，有"植物肉"的美誉。一般来说，大豆中富含不饱和脂肪酸，容易被人体消化吸收，对心脑血管、心脏等均有一定的养护作用；含有大豆皂苷，是一种生物活性物质，具有抗脂质氧化、抗自由基、增强免疫调节、抗肿瘤和抗病毒等多种生理功能；还含有磷脂，对维持神经、肝脏、骨骼及皮肤的健康均有重要作用。在购买时，要挑选种皮有光泽、颜色自然、颗粒饱满、整齐均匀无残缺、声音清脆、干燥、闻起来没有异味的大豆。

2. 黑豆

黑豆的营养价值与黄豆相差不大，不过黑豆种皮中含有红色花青素，可以清除体内自由基；富含粗纤维，可以润肠通便。也因此，黑豆的价格比黄豆要贵，所以市场上经常出现染色黑豆。为了避免染色黑豆给身体造成危害，在挑选黑豆时，要尽量挑选有光泽、颜色黑得并不一致、中间胚芽处有小白点、用纸擦拭外表皮不会掉色的，这样才是真的黑豆。

3. 赤豆

赤豆热量较低，富含钾、镁、磷、锌等矿物质，可以补充钾离子。在挑选赤豆时，优质的赤豆种子呈圆柱形而略扁，两端稍平截或圆钝，颗粒饱满、顺滑，颗粒大小均匀，颜色呈紫红色或暗红棕色，表面稍具光泽或无光泽。

4. 豌豆

豌豆是一种营养性食品，特别是含铜、铬等微量元素较多，铜有利于造血、促进骨骼和脑发育；铬有利于糖和脂肪代谢，维持胰岛素的正常功能。此外，豌豆中所含的胆碱、蛋氨酸有助于防止动脉硬化；鲜品中所含的维生素 C，在所有鲜豆中名列榜首，因此常吃豌豆对身体较为有益。挑选豌豆时，手握一把有咔嚓作响声的表示新鲜程度高；上市的早期要买饱满的，后期要买偏嫩的。

5. 绿豆

绿豆中的蛋白质、钙、铁、维生素 B_1 等含量较高，甚至高于鸡肉。在购买时首先要区分新绿豆和陈绿豆，新绿豆的颜色比较鲜艳，而陈绿豆颜色会发黄。此外，要选择圆润饱满、大小均匀的绿豆，其中无碎豆、干燥的品质最佳。

6. 蚕豆

蚕豆颜色青绿色的最新鲜，皮薄肉嫩；若有变黑的迹象，说明蚕豆皮厚肉硬，有些变质。

🛒 如何挑选豆浆

豆浆是早点常见饮品，在煮豆浆时容易出现泡沫，这是因为豆类食物普遍含有皂苷，是一种由皂苷元和糖、糖醛酸或其他有机物组成的复杂物质，在水中加热至沸腾、震荡时，会产生大量持久的蜂窝状泡沫。因此煮豆浆时出现这种泡沫并不代表豆浆已经煮沸、煮好了，而是皂苷在起作用。如果误以为煮沸而饮用，容易对消化道黏膜产生刺激，导致肠胃不适，甚至引起中毒反应。一般情况下，挑选豆浆要注意以下几点。

1. 看颜色

通常市场上最常见的豆浆是黄豆打制的，好的黄豆豆浆颜色呈乳白色或淡黄色，差一点的呈白色。如果豆浆颜色偏淡或呈灰白色，不建议选购。

2. 看黏稠度

豆浆以黏稠度中度为好，过分黏稠的豆浆有可能添加了增稠剂，而过分稀薄的豆浆可能加了水或其他物质。

3. 尝味道

鲜豆浆有豆香味和豆腥味，没有味道以及有异味、酸味、奶香味的都不宜选购。

4. 看沉淀

好的豆浆静置 1~2 小时只会有少许沉淀，但是勾兑或劣质豆浆沉淀较多，还会出现分层、结块等现象。

8 种常见五谷杂粮，如何选购有方法

通常我们所指的五谷杂粮，是泛指除米和面粉以外的粮食，包括高粱、小米、荞麦、燕麦、薏仁、玉米和薯类等粮豆作物。在现代饮食中，最常出现的包括以下几种：

1. 小米

小米不仅蛋白质、脂肪、碳水化合物、维生素 B_1 的含量高于小麦、大米，而且还含有其他粮食所没有的胡萝卜素，因此在主食中适当加入小米，对身体健康较为有益。近年来，市场上充斥着一种染色小米，在选购时要仔细区别。

（1）看色泽。新鲜小米色泽均匀，呈金黄色，染色后的小米缺乏光泽。

（2）闻气味。新鲜小米无异味，有天然米香味，染色后的小米闻起来略有异味。

（3）纸巾测试。取少许小米放于白色餐巾纸上摩擦，如果纸张变色则为染色小米。

（4）用水洗。新鲜小米用温水清洗时并不掉色，而染色后的小米会使水色显黄。

2. 薏米

薏米属于营养均衡的一类谷物，祛除身体湿气效果好，日常生活中可常吃。只是在选购时一定要保证质量。

（1）看外观。要挑选表面光滑、白色或黄白色、粒大完整、质地结实

坚硬、大小均匀、无虫蛀的。

（2）闻气味。无异味、潮味，带有清新气息者为佳。

（3）选择干燥的薏米。薏米如果太过潮湿会缩短保存期限。

3. 荞麦

荞麦最早起源于我国，栽培历史非常悠久，其碳水化合物含量高，蛋白质含量约为19%，脂肪含量约为2%，大体可以分为甜荞、苦荞两种类别。挑选时各有方法。

（1）挑选荞麦米。最好选择颗粒均匀、质地饱满、表面有光泽的，这样的荞麦吃起来很有嚼头，口感好。

（2）挑选苦荞茶。一是看整体，选择颜色黄绿色、大小均匀、无虫蛀的苦荞；二是尝味道，有纯荞麦香，无异味，如果有煳味则是烘烤过度；三是购买正规产品，市场上存在硫黄熏、重金属超标、细菌超标的苦荞茶，食用后会影响健康，因此最好挑选包装完整、信息齐全的苦荞茶。

4. 燕麦

燕麦是一种低糖、高营养、高能量的食物，是营养价值最高的谷类之一。市场上通常会把燕麦制成麦片，常见的有需要煮的燕麦粒、需要煮的燕麦片、即食燕麦片三种。在选购时，方法一致。

（1）看配料表。一般未添加其他物质的燕麦才算得上低糖食物，一旦制成即食燕麦片就会添加糖等物质，因此根据自己需求选购即可。

（2）看颜色。选择白里带黄或褐色的，不要选择发黑发暗的。

（3）看燕麦的完整度。以片状、粒状均以完整的为宜，不要选择碎末太多的。

5. 大麦

大麦与小麦的营养成分近似，但纤维素、碳水化合物含量略高，谷蛋白含量少，通常制成大麦茶饮用。在选购时，可以通过以下方法进行。

（1）看颜色。以外表焦黄色的为宜，不要选择颜色太焦的，营养大量损失的同时还可能产生致癌物质。

（2）看颗粒大小。选择颗粒较小、压得很碎，但并不干瘪的。

（3）看杂质多少。要选择干净、无杂质的，含有石头、沙子等杂质的不宜选择。

（4）尝口感，优质的大麦茶饮用起来有大麦和焙烤的香气，没有异味。

6. 玉米

我们经常食用的玉米有甜玉米和黏玉米，在挑选时要注意，真正的甜玉米颗粒整齐，表面光滑、平整，颜色呈明黄色玉米；普通黄色玉米一般排列不规整，颗粒凹凸不平。真正的黏玉米颗粒整齐，表面光滑、平整，颜色呈白色；普通的白色玉米排列不规整，玉米颗粒凹凸不平。除此之外，颗粒均匀、叶子嫩绿的玉米比较鲜嫩。

7. 紫米

紫米营养丰富，纯正的紫米米粒细长，颗粒饱满均匀，外观色泽呈紫白色或紫白色夹小紫色块，用水洗涤水色呈紫黑色。如果紫米色暗、颜色一致，一般为染色紫米或假紫米。除此之外，真正的紫米有米香味、用手搓不掉色、对光看泛红光等。

8. 黑米

黑米可以套用紫米的选购方法，与紫米不同的是，正常的黑米表皮层有光泽，米粒大小均匀，用手抠下的是片状物，碎米少；劣质的黑米无光泽，用手抠下的是粉状物，碎米多。而且黑米的米心内部为白色，有光泽，如果呈黑色，说明被染色了，不宜选购。

米面制品多，学会选择是关键

米面制品的种类非常丰富，根据制作方式不同可以分为中式面点、西式面点。根据所用的主要原料不同又可以分为包子、馒头、面包等麦类面粉制品，米粉、糍粑、年糕等米类及米粉制品，绿豆糕、豌豆黄等豆类及豆粉制品，小窝头、黄米炸糕、玉米煎饼等杂粮和淀粉类制品等。米面制品作为最为常见的食物之一，如何挑选才能买得安心、吃得放心呢？

🛒 深度了解，避免常见购买误区

1. 购买过于洁白的米面制品

米面制品之所以颜色洁白，是因为这样的米面制品谷物表面的谷壳、糊粉层已经被去除干净了，只剩下胚乳的部分，营养价值所剩很少。而且即使是这样的米面制品，颜色也是自然的乳白色，而不会过于洁白。太过洁白的米面制品可能在其中添加了少量的氧化剂"过氧化苯酰"、甲醛、吊白块、荧光漂白剂等。过氧化苯酰允许添加在米面制品中，但是添加量有严格规定。甲醛、吊白块、荧光漂白剂属于非食品添加剂，不允许用在任何食物当中，包括米面制品。

2. 专门购买全麦、杂粮米面制品

随着人们对健康的关注，很多人会选择全麦馒头、杂粮馒头、杂粮饼等面食，认为其相对于精白面制成的面食膳食纤维更丰富、所含营养更全面，对于身体健康更有益处。但是越是标榜全麦、杂粮的米面制品，在购买时越要认真查看配料表，看看全麦、杂粮的含量到底占多少，是否是添加了黄色色素、焦糖色素等调制出杂粮、全麦的颜色。一般来讲，全麦、杂粮制品的口感非常粗糙，因为其中含有大量的纤维素，如果口感过于细软就要注意了。

3. 经常购买油炸米面制品

粮食与油脂的亲和力较强，有非常良好的口感。特别是油炸面制品，如酥饼、油酥烧饼、炸油饼、炸油条、麻花等又酥又脆，为很多人所喜爱。但这些油炸米面制品不仅脂肪含量、热量高，维生素、蛋白质等营养物质大量流失，而且还会产生丙烯酰胺等致癌物质等。因此经常购买油炸米面制品来调剂主食，是不可取的。

正确选择米面制品有方法

1. 看包装

在选购米面制品时，最好选购有包装的，并仔细查看包装上的配料表、生产厂家、生产日期、保质期、食品生产许可证编号等内容，如果齐全，则比较有保障。如果购买无外包装的米面制品，一定要选择正规商家出售的，以此来降低买到黑作坊米面制品的概率。

2. 看色泽

正常的米面制品会呈现乳白色，或带有少量米黄色，过于雪白亮眼的米面制品要谨慎选择。同时要仔细查看外表有没有变色、霉斑等现象，有的话则不宜选购。

3. 闻气味

新鲜的米面制品有正常的米面香味，如果闻到发酸、发霉等异味，则不宜选购。

4. 尝味道

购买时可以捏一小块尝一下味道，如果口感黏稠、有酸味等不宜选购。

除此之外，还要按需购买，多样化购买，既能保证在保质期内食用完成，又能保证粗细搭配，让摄入的营养更为均衡。当然，如果有时间在家自制米面制品，更能控制食用风险。

五谷杂粮粉，正确选购健康吃

五谷杂粮粉是各种粮食、杂粮、豆类及药食两用类原料经研磨后再精制而成的一种粉剂类产品。最常见的是将杂粮烘干后研磨成粉，经过热水冲调即可食用的即食品，现在越来越流行。

🛒 五谷杂粮粉有益有害，选购时要格外注意

1. 五谷杂粮粉的益处

五谷杂粮种类多，营养较为均衡。不同的谷物、豆类之间的营养成分有差异，合理搭配制成五谷杂粮粉可以使营养物质更全面、合理。五谷杂粮粉的膳食纤维含量较高，饱腹感更强，相较于精白米面来说营养更丰富，也更容易饱，比较适合控制体重的人群买来食用。

2. 五谷杂粮粉的坏处

五谷杂粮制成粉状之后会缩短保质期，还容易被微生物污染，所以一定要在保质期到期前尽快食用。除此之外，五谷杂粮粉颗粒细碎、质地柔软，在加热后糊化彻底，食用后消化很快，会分解成葡萄糖进入血液中，引起血糖升高，因此血糖偏高的人一定不要选购、食用。除此之外，老年人、儿童、体虚及手术恢复期的人也要尽量避免摄入五谷杂粮粉，以免引起肠胃不适。

🛒 选购五谷杂粮粉，适合的才是最好的

1. 看配方

在购买时，要根据配料表查看各种杂粮的大致含量，对于血糖较高的

人群来说，最好选择豆类较多的产品。同时，五谷杂粮粉不是搭配的种类越多越好，控制在 3～5 种即可，否则可能会引起胃肠消化问题，影响身体健康。

除此之外，尤其要谨慎选择含有中药材的五谷杂粮粉。因为中药材功效不同，对于体质偏弱的人群来说，摄入中药材反倒会引起身体不适，对健康无益，所以即使是选择，也要先咨询医生，看是否适合自己的体质再决定。

2. 闻味道

闻一下五谷杂粮粉的味道，如果有酸、涩或者其他异味，不宜选购。

3. 看外包装

要选购有正规生产商、生产日期、保质期、配料表的五谷杂粮粉，尽量不要选购散装的，以免碰到搭配不合理、黑作坊生产的。

选购五谷杂粮粉之后，还要注意，五谷杂粮粉虽然营养丰富，但是也不宜长期单一食用，还需要摄入其他蛋白质、蔬菜、肉制品等才能达到营养均衡。

挑选面条，避免常见非法添加剂

面条是面粉制成的面制品，常见的有挂面、生鲜面条和经过包装的湿切面条。为了增加面条的口感、提亮颜色、延长保质期，很多厂家、商家会在面条中加入盐、氯化钙等调味品，有些不法厂家、商家甚至会加入一些非法添加剂，因此在选购面条时一定要注意。

🛒警惕面条中常见的非法添加剂

1. 甲醛

甲醛是一种无色、有强烈刺激性气味的气体，可以配制成水溶液，如福尔马林。面条添加甲醛可以起到防腐保鲜的作用，使面条不易发酸。甲醛属于第一类致癌物质，可以引起白血病，食用后会损害肝肾功能，也会使人体内蛋白质变性，影响体内代谢功能。使用甲醛的面条不易煮熟，面质弹性较强，特别是生鲜面条，一般保质期只有两天，而含甲醛的面条保质期明显延长。

2. 吊白块

吊白块是一种半透明白色结晶或小块，是甲醛的复合物，在高温下有漂白作用，可以分解产生甲醛、二氧化硫和硫化氢等有毒气体。在面条、面粉中加入吊白块可以起到增白、保鲜、增加口感、防腐的效果。摄入含吊白块的面条危害等同于添加甲醛的面条，因此在选购时一定要注意。如果面条颜色雪白，同时保质期很长、口感筋道，最好不要选购。

3. 硼砂

硼砂是一种既软又轻的无色结晶物质，将硼砂用于面条中可以使面条弹性更好、口感更佳，保质期更长。不过硼砂进入体内不能被代谢，会与胃酸作用产生硼酸，硼酸在体内蓄积会引起中毒反应。在购买食用面条时，如果面条久煮不烂、十分筋道就要注意了。

4. 荧光增白剂

荧光增白剂用在面条、面粉中可以起到增白的效果。但食用含荧光增白剂的面条会增加肝肾负担，对人体造成伤害。因此在购买面条时要避免选择过白的面条。

5. 苯甲酸钠

苯甲酸钠是苯甲酸的钠盐，是一种食品防腐剂，有防止食品变质发酸、延长保质期的效果，但目前只允许用在碳酸饮料、酱腌菜、蜜饯、酱油等食物中，不允许添加在面条中。

6. 食用色素

用在面条中的食用色素多为柠檬黄，如用在碱面、热干面中可以改善面条外观、增加食欲等。但是柠檬黄作为合成食用色素可以用在果酱、糖果、饮料当中，不允许用在面制品中。

🛒 如何选出健康面条

1. 看添加剂

有些包装好的面条，往往有部分添加剂，吃多了对人体没有好处。因此购买带包装的面条时要选择配料表中食品添加剂较少的面条，并且要选择厂名、厂址、经销商、保质期等齐全的面条。同时，如果在信得过的商场、超市，尽量购买每天进货的散装面条为好。

2. 看颜色

一般面条颜色自然，呈乳白、灰白色或稍微偏黄色，但是如果颜色太白则不宜选购，有可能添加了增白剂。

3. 闻味道

在购买面条时要闻一下是否有发酸或者有化学试剂的味道，购买生鲜面条要尽快食用，如果发酸、发黏就不要食用了。

除此之外，面条厚薄、粗细都不一样，根据自己的喜好选择即可。如果有条件的情况下，自己带面找可以帮忙加工制成面条的正规商铺、作坊更好。

Part 3　新鲜蔬菜，

解密其中的"绿色"安全密码

蔬菜多样化，营养更全面

蔬菜是我们日常膳食的重要组成部分，包含大量的水分，丰富的膳食纤维、维生素和矿物质。按照结构和可食部分不同，可以分为叶菜类、根茎类、瓜茄类、菌藻类、鲜豆类等常见种类。食用不同类的蔬菜，可以补充不同的营养。

1. 叶菜类

日常生活中，我们常食用的白菜、菠菜、油菜、卷心菜、空心菜等都属于叶菜类蔬菜。叶菜类蔬菜是维生素C、胡萝卜素、核黄素以及膳食纤维的良好来源，其钙、磷、铁的含量也比较多。不过，叶菜类蔬菜的草酸含量也高于其他类型的蔬菜，特别是苋菜、菠菜、马齿苋等的草酸含量特别高，会影响人体对钙、磷、铁的吸收。

以菠菜为例，菠菜营养丰富，含铁量位于各类蔬菜前列，还含有钙、磷、B族维生素、胡萝卜素等，有研究表明，菠菜提取物在抗氧化、抗肿瘤、抗炎、抗高血脂、降糖等方面均有良好的效果。但是，每百克菠菜约含300毫克的草酸，在进食前最好略焯一下，这样可以去除部分草酸，适合大部分人群食用。但是痛风病、软骨病、尿结石等患者最好少吃。

2. 根茎类

根茎类蔬菜包括萝卜、土豆、山药、芋头、莲藕、洋葱、大蒜等，营养成分各不相同，但从总体上说，根茎类蔬菜的淀粉含量较高，膳食纤维含量较少。

根茎类蔬菜中，胡萝卜所含的胡萝卜素最高，但钙、磷、铁等矿物质含量不多。土豆、山药、芋头、莲藕等的淀粉含量较高，其中土豆作为继小麦、水稻、玉米、燕麦之后的五大粮食作物之一，营养素更是丰富。土豆含有天然植物脂肪、蛋白质、淀粉、膳食纤维和维生素，总碳水化合物密度更低，且土豆所含的淀粉是抗性淀粉，具有较低的升糖反应，比较适合糖尿病患者食用。洋葱是一种带有特殊味道的根茎类蔬菜，其特殊的催泪气味主要来源于洋葱中的含硫化合物，但研究表明，含硫化合物对健康或有益处。因为含硫化合物能抑制细菌繁殖，从洋葱中提取出的一些物质还有降血糖和降胆固醇的效果，对减少癌症的发生也有一定的促进作用。此外，洋葱还含有苹果酸、芳香挥发油和具有药效的物质，如前列腺素、黄酮素等，常购买食用对身体健康较为有益。

3. 瓜茄类

瓜茄类蔬菜包括冬瓜、南瓜、黄瓜、茄子、番茄和辣椒等。多数瓜茄类蔬菜所含的维生素、矿物质低于叶菜类蔬菜，但所含的多样营养元素对身体依然有益。番茄中的维生素 C 含量并不是最高的，但受有机酸保护，损失很少，且口感较好，是人体维生素 C 的良好来源。辣椒中含有丰富的硒、铁、锌，是一种营养价值较高的食物。但辣椒中含有"辣椒素"生物碱，食用时会产生一种灼烧的痛感，过辣会刺激肠胃，所以在食用时可以加入醋来中和一部分辣椒碱，既可以减轻刺激，又可以减少维生素 C 的损失，适合绝大多数人群食用。

4. 鲜豆类

鲜豆类蔬菜包括四季豆、豇豆、扁豆、毛豆、大豆等。鲜豆类蔬菜所含的蛋白质、糖类、维生素和矿物质等营养元素较其他蔬菜高。比如其所含的蛋白质为植物蛋白，营养价值接近于动物性蛋白质；维生素以 B 族维生素为主，比谷类含量高；富含钙、磷、铁、钾、镁，是营养丰富的高钾、高镁、低钠食品。以大豆为例，大豆所含的脂肪可达 18%，其中不饱和脂肪酸占 85% 以上，是重要的食用油来源；所含优质蛋白质含量达36.3%；含有人体必需的 7 种氨基酸；所含的大豆异黄酮是一种结构与雌激素相似的植物性激素，能够减轻女性更年期综合征，延迟衰老。但大豆异黄酮并不是雌激素，只是因为在人体内可以发挥类似雌激素的作用，它在体内是双向调节的，即体内雌激素水平不足的时候，它能发挥与雌激素相似的功能；体内雌激素水平较高时，大豆异黄酮反而会阻断雌激素与受体结合的作用，能抑制脂肪组织中的雌激素的形成。

5. 菌藻类

菌藻类蔬菜包括灵芝、猴头菇、金针菇、香菇等食用菌和紫菜、海带、龙须菜等藻类。菌藻类食物含有多糖等复合成分，如香菇多糖、岩藻多糖、昆布多糖等，还含有大量的膳食纤维。以香菇为例，香菇的蛋白质含量超过猪、牛、羊肉，与鸡肉相近，在植物性食物中仅次于大豆；维生素含量也是其他蔬菜所不及的，特别是它含有维生素 B_{12} 能参与制造骨髓红细胞，防止恶性贫血，在植物性食物中基本上不存在，所以香菇有"植物肉"的美誉。此外，香菇中含有香菇多糖还可以增强人体免疫力。

选购的蔬菜颜色越深，营养价值越高

上节谈到了不同种类的蔬菜，每种蔬菜都具有其独特的营养价值，日常生活中要搭配食用，才能保证营养均衡。中国居民膳食指南推荐每人每日应食用400～500克蔬菜。那么如何搭配选择就成了首要的问题。

在选购蔬菜时，不仅要选择不同种类的蔬菜，更要关注其营养价值。最简便的方法就是根据蔬菜的不同颜色来选择。蔬菜的颜色不同，意味着其中的营养成分含量会有差别。我们一般将蔬菜颜色分为绿、黄、紫、白四种色系，且根据色彩顺序，营养价值依次降低。对于同一色系的蔬菜来说，颜色越深其营养价值就越高。因此在选购蔬菜时，颜色也是一大判断依据。

之所以说颜色越深，蔬菜的营养价值越高，是因为叶子是进行光合作用的地方，营养成分在叶片上合成再输送到其他地方，颜色越深证明合成能力越强，叶片贮存的营养越多。所以在同一株蔬菜的不同部位，颜色越深，其营养价值就越高。

1. 绿色蔬菜

绿色是叶菜类蔬菜最常见的颜色，常见的深绿色叶菜包括菠菜、油菜、蒜薹、茼蒿、芥蓝、芥菜、茴香菜、空心菜、豌豆苗、香椿芽、西兰花等。这些蔬菜均含有丰富的维生素C、维生素B_2、维生素K、胡萝卜素、叶酸、黄酮，以及钾、钙、镁等矿物质，常吃对身体有益。而且在每天食用的蔬菜中，推荐绿色蔬菜的食用量占蔬菜食用总量的一半，以便获得更多的营养。

2. 橙黄色蔬菜

橙黄色蔬菜中比较常见的包括胡萝卜、南瓜、番茄、红辣椒等，这些蔬菜中含有丰富的类胡萝卜素，具有抗氧化的作用，可以消除、清理对人体健康有害的活性氧和自由基。同时，类胡萝卜素可以转化成维生素 A，行使维生素 A 的多种功效，比如防治夜盲症和视力减退、抗呼吸系统感染、促进发育、强壮骨骼等。由于类胡萝卜素不溶于水，而易溶于脂肪，所以生吃、凉拌胡萝卜其营养成分被人体吸收得很少，最好用油快炒来促进吸收。

3. 紫色蔬菜

紫色蔬菜中比较常见的包括紫甘蓝、茄子、紫洋葱、紫扁豆等，这些蔬菜中含有丰富的花青素，是一种天然的抗氧化剂，可以促进视网膜细胞中的视紫质再生，保护视力。除此之外，紫色蔬菜中还含有一些其他蔬菜中比较少见的营养元素，如茄子中含有丰富的维生素 P，能减少血管脆性、降低血管通透性、增强维生素 C 的活性。不过维生素 P 只能从食物中摄取并不能自身合成，而且存在在茄子皮中，所以吃茄子时最好保留茄子皮。

4. 白色蔬菜

白色蔬菜中比较常见的包括茭白、白萝卜、大白菜、花菜、冬瓜、山药、莲藕、菇类等，这些蔬菜虽然维生素、抗氧化成分的含量不高，但其有着独特的营养作用。比如白萝卜、菜花这类十字花科的蔬菜含有芥子油，能促进肠道蠕动、防止便秘；菇类中的蛋白质平均含量可以达到 4%，是蔬菜水果的 12 倍，其赖氨酸、精氨酸、甲硫氨酸、色氨酸等氨基酸的含量也十分丰富。

在日常选购蔬菜时，我们可以参考蔬菜的分类、颜色等进行搭配，既方便又营养。不过要注意的是，并不是推荐大家每种蔬菜都平均分配着吃，土豆、南瓜、山药等淀粉含量很高的蔬菜，在摄入时要适当控制比例。

17 种常见叶菜类蔬菜，安心选购方法多

在我们常吃的蔬菜当中，叶菜类蔬菜占很大一部分，因此，如何选出安全、健康的叶菜类蔬菜，成为购买蔬菜的重中之重。

挑选叶菜类蔬菜，要知道两大基本步骤

1. 以新鲜为第一要求

虽然蔬菜的贮藏时间各有不同，但是叶菜类蔬菜最好能现买现吃，这样才能最大限度地保证安全健康。因为现挑选新鲜的叶菜类蔬菜，一方面可以避免水分、维生素 C 等营养成分散失，另一方面可以避免因为长时间贮存而导致的有毒物质亚硝酸盐含量的上升。

在挑选时，可以优先选择冷柜中加保鲜膜的叶菜类蔬菜，可以保持蔬菜的水分。超市中打折的不新鲜蔬菜，风味、口感和营养价值都会变差，不建议购买。当然，如果能找到正规的菜市场，购买当天采摘的蔬菜更好。此外，在购买叶菜类蔬菜时不要挑选颜色、形状、气味异常的叶菜类蔬菜，因为这类叶菜类蔬菜存在使用染料、激素、硫黄等化学试剂的风险，购买食用对健康不利。

2. 查看标签及公示牌

蔬菜在生长过程中免不了要喷洒农药，一旦没有按照规定时间、规定剂量喷洒，或是为了追求利益喷洒高毒农药，都会造成蔬菜农药残留超标，对身体健康造成危害。尤其是叶菜类蔬菜叶片面积较大，更容易残留农药。由于农药残留无法通过外观判断，所以在日常挑选叶菜类蔬菜时，

可以查看标签及公示牌。标签一般出现在盒装蔬菜上，可以通过标签去超市的质量追溯系统扫描到叶菜类蔬菜的产地、采收时间、上架时间、配送公司等信息。而且根据标签上的质量认证方式，蔬菜可以分为普通蔬菜、无公害蔬菜、绿色蔬菜和有机蔬菜四类。无公害蔬菜是指进入市场的蔬菜不会发生农药超标的问题；绿色蔬菜是指在无污染的条件下种植，施有机肥料，不使用高毒性、高残留农药的蔬菜；有机蔬菜是指在栽培中不使用任何人工合成物质的蔬菜，大家按需购买就可以了。公示牌在大型集市、超市的蔬菜区附近一般都会设置，对当天的蔬菜进行快检，并将信息公示。一般来说，查询标签没有问题，经过快检公示的蔬菜都是可以放心购买的。

🛒 常见叶菜类蔬菜的挑选方法

1. 韭菜

韭菜一年四季皆有，冬季到春季出产的韭菜叶肉薄且柔软，夏季出产的韭菜叶肉厚且坚实。选购时以韭菜颜色带有正常光泽、根部呈白色、用手抓时叶片不会下垂且韭叶整齐、无黄变、无虫眼的为好。

2. 芹菜

芹菜以色泽鲜绿、叶柄厚、根部颜色干净、有芹菜独特的味道，以及叶子无发黄、打蔫、不平整的为好。

3. 卷心菜

卷心菜以外表光滑、无坑包、无虫洞、菜叶嫩绿、菜帮白色、掂一下有沉重感、捏一下比较紧实的为好。

4. 娃娃菜

挑选正宗的娃娃菜，应以个头小、大小均匀、手感紧实、菜叶细腻嫩黄且平整的为佳。如果捏起来松垮垮的，有可能是用大白菜心冒充的。

5. 大白菜

大白菜以色白、个头大、结球紧实、根部小、掂一下感觉沉重、无异味、无腐烂、无虫蛀的为佳。不结球的大白菜要小一点，因为大白菜的根是吃不得的。另外重要的一点，要看看腐烂了没有，如果烂掉了，要慎选。

6. 香椿芽

香椿芽以枝叶呈红色、短壮肥嫩、香味浓厚、无老枝叶、长度在10厘米以内的为好。另外也可以闻一下香椿芽根部的位置，有明显香椿芽特殊香味的为好。如果叶子带点红的是千头椿，叶子鲜绿色的是苦楝树，两者都没有香椿芽特有的味道，不宜选购。

7. 菠菜

菠菜以菜梗红短、叶子新鲜有弹性、叶面较宽、无变色、无腐烂、无虫蛀的为好。

8. 生菜

结球生菜以松软叶绿、大小适中、无虫蛀的为好。散叶生菜以大小适中、叶片肥厚适中、叶质鲜嫩、叶绿梗白且无蔫叶的为好。

9. 油菜

油菜以颜色鲜嫩、洁净、无黄烂叶、新鲜、无病虫害的为好。

10. 茼蒿

茼蒿的盛产季节为早春，选购时以叶片结实、绿叶浓茂、无腐烂蔫叶的为好。

11. 紫甘蓝

紫甘蓝以菜球紧实、用手掂着沉实、光泽度较高、叶子肥嫩的为好。

12. 茴香

茴香以鲜嫩、梗细、没有黄叶和烂叶的为佳。购买的时候可以用手掐一下茴香梗，发出脆响声、有水分的比较新鲜。

13. 芥蓝

芥蓝以菜梗偏细、叶片完整、没有黄叶和烂叶、顶部仍是花苞的质量为好。如果芥蓝顶部开花了尽量不要购买，说明芥蓝已经老了，口感较差。

14. 豌豆苗

豌豆苗以叶大茎直、新鲜肥嫩、叶身鲜嫩呈深绿色、整体呈小巧形状、无腐烂、无虫眼的为佳。

15. 油麦菜

油麦菜以颜色浅绿、没有黄叶、叶子平整不发蔫、根部没有腐烂的为好。除此之外，油麦菜一般有 6~8 个叶柄，挑选时以 6 个左右的为好，比较鲜嫩。

16. 空心菜

空心菜以叶子鲜绿、无黄叶、整株完整、无须根、无破损的为佳。此外，可以查看空心菜的切口和茎管，切口无腐烂或变色的比较新鲜；茎管细、颜色偏绿色的口感细嫩，茎管粗、颜色偏白色的口感较脆。

17. 苋菜

苋菜以根上带泥、根须少且短、叶片颜色深、菜梗易折断、整体无发蔫和变黄、腐烂、虫眼的为好。

10 种常见根茎类蔬菜，这样挑选更新鲜

根茎类蔬菜一直是我们餐桌上不可或缺的"成员"之一，是以肉质根茎为食用部分的蔬菜，与其他类蔬菜相比，根茎类蔬菜有大部分蔬菜所共有的营养价值，除此之外还含有更高含量的碳水化合物，可以代替一部分主食食用。因此日常饮食中可以常挑选来食用。

1. 白萝卜

白萝卜至今已有千年的种植历史，在饮食和中医食疗领域都有广泛应用，民间也一直有"冬吃萝卜夏吃姜，不用医生开药方"的说法，可见对其营养功效的肯定。据研究表明，白萝卜含有丰富的木质素、酶，可以防癌抗癌；含有维生素 A、维生素 C，可以嫩肤抗衰；含有粗纤维，可以促进消化、润肠通便等，尤其适合冬季食用。

一般来说，白萝卜以颜色嫩白、色泽光亮、手捏感觉表面硬实、表皮完整光滑且没有刮痕、破损的为佳。除此之外，还要着重看一下白萝卜的根须。白萝卜的根须较直的，大部分情况下比较新鲜，适合选购；白萝卜的根须杂乱无章、分叉较多，则有可能是糠心萝卜，尽量不要选购。

2. 胡萝卜

胡萝卜是一种质脆味美、营养丰富的家常蔬菜，含有丰富的糖类、脂肪、挥发油、胡萝卜素、维生素 A、花青素以及钙、铁等营养元素，平时常吃可以降低心脏疾病、肿瘤的患病概率，并有明目、降血压、润肠通便等多种功效，素有"小人参"的美誉。

一般来说，选购胡萝卜以外表顺滑、无破损，颜色呈橘黄、橘红色且

鲜亮、自然，外形匀称、无畸形，个头大小适中且掂一下感觉沉甸甸为好。除此之外，如果是带叶子的胡萝卜，一般表示刚挖出来不久，水分流失较少，适合选购，如果叶子颜色翠绿鲜嫩说明胡萝卜更新鲜，可以购买。

3. 洋葱

洋葱含有前列腺素A，能降低外周血管阻力，降低血黏度，可用于降低血压、提神醒脑、缓解压力、预防感冒等。此外，洋葱还能清除体内氧自由基，增强新陈代谢能力，抗衰老，预防骨质疏松，是适合大多数人群的保健食物。洋葱一般有三种类型，挑选时按需选购即可。

（1）看品种。洋葱有白皮、黄皮和紫皮三种类型。白皮洋葱肉质柔嫩，水分和甜度较高，比较适合鲜食、烘烤或炖煮。黄皮洋葱肉质微黄，柔嫩细致，味甜，辣味居中，适合生吃或者蘸酱，耐贮藏，常做脱水蔬菜。紫皮洋葱肉质微红，辛辣味强，适合炒、烧或做生菜沙拉，耐贮藏性差。

（2）看外表。总体来说，洋葱以葱头肥大、外皮光泽、无损伤和泥土、经贮藏后不松软、不抽薹、鳞片紧密、含水量少、辛辣和甜味浓的为好。

4. 莴笋

莴笋富含胡萝卜素、维生素、纤维以及钾、碘、氟等营养元素，具有利尿通乳、防癌抗癌、通便排毒等功效，其叶子的营养含量更高，购买后不宜去掉，宜一起食用。

选购莴笋的时候，应该选择茎粗大、肉质细嫩、多汁新鲜、无空心、中下部稍粗或成棒状、叶片不弯曲、无黄叶、不发蔫的、不苦涩的。

5. 山药

山药含有多种微量元素、丰富的维生素和矿物质，是日常补养身体、防治疾病的常用食材。而且山药几乎不含脂肪，想要减肥的人士可以买来常吃。

（1）看重量。挑选时可以掂一下重量，大小相同的山药，较重的质量更好。

（2）看须毛。同一品种的山药，须毛越多的营养越丰富，口感越好。

（3）看横切面。山药的横切面肉质呈雪白色，说明山药比较新鲜，如果颜色呈黄色似铁锈的则不宜选购。

（4）看是否受冻。山药怕冻，冬季买山药时可以用手握10分钟左右，如果山药"出汗"说明已经受过冻了。而且掰开来看，冻过的山药横断面黏液会化成水、有硬心且肉色发红，这样的山药质量差，不宜选购。

6. 土豆

土豆富含多种营养元素，其中淀粉含量尤其高，约9%～20%，是食用土豆的主要能量来源，所以土豆既可以作为主食食用，又可以作为蔬菜制作佳肴，是我们餐桌上的常用食材之一。

一般来说，土豆以颜色浅黄、摸着光洁、表皮完整无损伤、质地较为紧密、大小均匀、没有被水泡过的土豆为好。除此之外要格外注意，表皮变绿色、发芽、有黑斑、有腐烂的土豆含有毒素，不宜选购、食用。

7. 芦笋

芦笋含有丰富的B族维生素、维生素A以及叶酸、硒、铁、锰、锌等微量元素，具有人体所必需的多种氨基酸，而且芦笋的硒含量高于一般蔬菜，甚至可以与海鱼、海虾相媲美，有"蔬菜之王"的美誉，可以按照以下选购方法买来常吃。

（1）看笋尖。笋尖鳞片抱合紧凑，无收缩的即为较好的鲜嫩芦笋。

（2）折笋茎。将芦笋用双手折断，较脆、易折断、笋皮无丝状物的比较鲜嫩。

（3）看笋茎。挑选时以少带基部的白色茎为好，因为基部坚硬、老化甚至木质化，这样芦笋食用时口感较差。

（4）看粗细、长短。选购时以芦笋上下粗细均匀、长度在20厘米左右的为好。

8. 牛蒡

牛蒡含有人体所需的多种营养元素，而且含量较高。比如牛蒡含有的胡萝卜素含量比胡萝卜高 150 倍；蛋白质和钙的含量为根茎类之首等。所以平时常吃牛蒡可以起到抗菌、降血糖、抗衰老等多种作用。牛蒡与山药外形相似，挑选时以长度在 60 厘米以上，直径 2 厘米左右，粗细均匀一致，笔直无分叉的为好。同时可以观察它的色泽，优质新鲜的牛蒡表皮呈淡黄色，光滑不粗糙。

9. 莲藕

莲藕微甜而脆，可生食也可煮食，是常用的餐桌菜之一。它不仅富含维生素 C、多酚类化合物、过氧化物酶、优质蛋白质以及钙、铁、磷等营养元素，还具有养阴清热、润燥止渴、清心安神等多重功效，平时常吃可以防治高血糖、缺铁性贫血、咳嗽、哮喘等。一般来说，选购莲藕时要注意以下几点。

（1）看颜色、闻味道。莲藕的外皮颜色呈微黄色，有淡淡的泥土味，如果颜色过于白净，有微酸的味道，说明莲藕经过工业处理，不宜选购。

（2）看形状。选购莲藕时不要挑选外观凹凸不平的，以形状滚圆的为好。同时尽量挑选两边被莲藕节封住的，这样的莲藕孔中不会有泥土等杂质，比较好清洗；挑选莲藕节粗且短的，这样的莲藕成熟度较高。

10. 蒜薹

蒜薹富含辣素、维生素 C 和粗纤维，具有杀菌、润肠通便、防癌抗癌等多重功效。选购时要注意以下 4 点。

（1）看外表。蒜薹以外表没有损伤，看起来整齐、圆润、饱满的为好，如果打蔫了说明蒜薹已经不新鲜了。

（2）看颜色。蒜薹以条长翠嫩，枝条浓绿，茎部白嫩的为好。如果尾部发黄，顶端开花，说明蒜薹纤维粗老，不宜选购。

（3）掐根部。购买时可以用手指掐一下蒜薹的根部，如果很容易掐断，且津液多，说明蒜薹比较新鲜。

（4）看粗细。蒜薹以中等粗细的为好，过细、过粗的蒜薹口感都不好，不宜选购。

14 种常见瓜茄果类蔬菜，挑选略有不同

瓜茄果类蔬菜种类繁多、营养丰富，尤其是所含的水分较多。常见的瓜茄果类蔬菜有南瓜、黄瓜、茄子、辣椒等，种类不同其营养成分和功效也各有差异。因此日常饮食中可以广泛挑选，搭配食用。

1. 南瓜

南瓜富含可溶糖、粗纤维、果胶、多糖、β–胡萝卜素等多种营养元素，适量食用可以增强免疫力、降血糖、降血脂等。在挑选南瓜时，成熟度越高，水分越少，南瓜甜度越高，所以可以按需选购。一般来说，选购方法有三个。

（1）看整体。同样大小体积的南瓜，挑选较重的。已经切开的南瓜，则选择果肉厚、新鲜水嫩、不干燥的。此外，有外伤、有腐烂、有坑洞的南瓜不宜选购。

（2）看颜色。南瓜有金黄色、绿色之分。一般来说，颜色正常的为成熟的南瓜，颜色深黄、绿的发黑的，为成熟度很高的老南瓜。

（3）听声音。拍打南瓜，声音发闷有厚实感的是老南瓜，声音发脆空洞的为嫩南瓜。

（4）闻味道。在选择南瓜时可以闻一下味道，南瓜成熟度越高，香味越浓。如果有腐烂等异味，不宜选购。

2. 黄瓜

黄瓜 90% 都是水，富含有膳食纤维和少量维生素，热量很低，适合控制体重的人以及高血脂、糖尿病患者食用。由于黄瓜一直有"避孕黄瓜"的谣传，所以很多人对如何选购出健康的黄瓜都比较关心。其实，所谓用

— 61 —

了避孕药的"避孕黄瓜"，只是用了植物生长调节剂，因此让黄瓜看起来顶花带刺十分新鲜。购买时不用担心，植物生长调节剂不会对人体产生影响，而且植物生长调节剂使用过量还会使黄瓜变得畸形。在选购黄瓜时，避免这一点，然后按照下列方法选择即可。

（1）看表皮的刺。鲜黄瓜表皮带刺，如果无刺则说明黄瓜老了。此外，轻轻一摸刺就会掉的更好。刺小而密的黄瓜较好吃，刺大且稀疏的黄瓜没有黄瓜味。

（2）看外形。看上去细长均匀且把短的黄瓜口感较好，大肚子的黄瓜一般熟得老了。

（3）看表皮竖纹。好吃的黄瓜一般表皮的竖纹比较突出，可以看得出，也可以用手摸一下。表面平滑，没有什么竖纹的黄瓜不好吃。

（4）看颜色。颜色发绿、发黑的黄瓜比较好吃，浅绿色的黄瓜不好吃。

（5）看个头。个头太大的黄瓜不好吃，相对来说个头小的黄瓜比较好吃。

3. 冬瓜

冬瓜的能量很低，蛋白质、脂肪和碳水化合物含量较少，是良好的低热量食物。且冬瓜的钠含量很低，钾含量较高，有消肿利水的功效。冬瓜个头很大，在选购时大多数人都会切一块购买。对切开的冬瓜挑选方法如下。

（1）看种子。查看一下种子的颜色，如果是黄褐色，说明冬瓜成熟度较好。

（2）按压瓜肉。瓜肉较硬、质地较密的瓜水分足、肉厚，口感更好。如果瓜肉松软，说明冬瓜已经不新鲜了。

4. 苦瓜

苦瓜含有蛋白质、碳水化合物、维生素、矿物质等营养成分，还含有苦瓜素、多肽 P 等多种生物活性物质，既是一种营养价值较高的蔬菜，又有一定的药用价值，对人体健康有一定好处。苦瓜之所以很苦，是因为其中含有瓜类植物特有的瓜苦叶素和野黄瓜汁酶，当这两种物质同时存在时，瓜就会出现苦味了。苦瓜的苦味与内在营养价值相关度较小，在选择时可以挑选苦味较小的品种。

（1）看外皮。外皮的颗粒越大越饱满，代表果肉越厚。如果外皮的颗粒很小，说明果肉比较薄。

（2）看颜色。苦瓜外皮呈翠绿色的比较新鲜，有些发黄的是生长过头了，吃起来没有苦瓜应有的口感，会发软，没有脆实的感觉。

（3）闻味道。苦瓜脆而清香，有一定苦味的，说明苦瓜比较新鲜。如果有可能的话可以尝一下，如果没有脆实的口感不建议购买。

5. 西葫芦

西葫芦果实呈圆筒形，果形较小，果面平滑，以采摘嫩果供食用。据研究表明，西葫芦含有丰富的维生素 C、葡萄糖、钙等营养元素，对人体健康有益。加上西葫芦可荤可素、可菜可馅，食用方便，深受人们喜爱。因此平时可以按照以下方法进行挑选。

（1）看表面。新摘的西葫芦表面有一层小毛刺，如果毛刺较多，说明西葫芦比较新鲜。

（2）看外形。好的西葫芦大小适中、外形周正，没有磕碰、疙瘩和坑洞。

（3）看颜色。新鲜的西葫芦呈嫩绿色，适合炒着食用。发白的西葫芦比较老，适合做馅食用。

（4）看重量。同样大小的西葫芦，分量重的说明水分足，更新鲜。

（5）看手感。用指甲稍微掐一下西葫芦表面，如果感觉掐过的地方有水要流出，说明很新鲜。如果发干或者用手捏时感觉有些软了，说明已经老了。

6. 丝瓜

丝瓜为夏季蔬菜，嫩瓜供食用，含有丰富的蛋白质、B 族维生素、碳水化合物及钙、磷、铁等矿物质，有美白嫩肤、促进身体健康的作用。老瓜里面的网状纤维称丝瓜络，可以代替海绵来洗刷灶具及家具，是非常实用的蔬菜之一。一般情况下，可以通过以下方法挑出品质上佳的食用丝瓜。

（1）看形状。形状规则、外形匀称、两头一样粗的丝瓜质量比较好。不要选瓜身局部肿大的。

（2）看表皮。丝瓜顶头带花，表皮没有腐烂、破损的比较新鲜。

（3）看纹理。纹理细小、均匀的丝瓜比较嫩，纹理清晰而深的丝瓜比较老。

（4）用手摸。摸一下丝瓜，有弹性的比较新鲜。没有弹性且松软的质量较差。

（5）看色泽。新鲜的丝瓜颜色为嫩绿色，有光泽。老的丝瓜表皮无光泽且纹理会产生黑色。

7. 茄子

茄子具有较高的营养价值，不仅含有蛋白质、脂肪、碳水化合物、维生素以及钙、磷、铁等多种常规营养成分，而且含有维生素 P，可以防止微血管破裂出血；含有多种生物碱，可以抑制消化道肿瘤细胞的增殖等。茄子作为物美价廉的家常蔬菜之一，可以按照以下方法选购常食。

（1）看颜色。茄子从颜色上分有黑茄、紫茄、绿茄、白茄以及许多中间类型。我们比较常吃的以黑茄、紫茄为主，以颜色黑紫光亮，一眼看上去非常漂亮的为好。相反，如果茄子颜色暗淡，呈现褐色，说明茄子已经老了或者马上就要坏了，不宜选购。

（2）看形状。茄子可以分为圆茄、长茄和短茄三个品种。圆茄果形扁圆，肉质较紧密，皮薄，口味好，品质佳，以烧茄子吃最好，炖煮、凉拌次之；长茄果形细长，皮薄，肉质较松软，种子少，品质甚佳；短茄果形为卵形或长卵形，果实较小，子多皮厚，易老黄，品质一般，凉拌食用较好。购买时可以根据自己的需要选购。

（3）看花萼。在茄子的花萼与果实连接的地方，有一条白色略带淡绿色的带状环，这个带状环越大越明显，说明茄子越嫩，越好吃。

（4）看外观。好的茄子看起来粗细均匀，没有斑点或裂口，没有腐坏的地方。如果茄子粗细不一，有很多褶皱，则不宜选购。

（5）摸硬度。摸起来软硬适中的茄子比较好，很硬或者很软的质量较差，不宜选购。

8. 辣椒

这里的辣椒主要指尖辣椒，既可以作为蔬菜食用，也可以作为调味品食用。辣椒不仅能给人带来良好的口感，还含有丰富的维生素 C、叶酸和镁、钾等营养元素，具有温中散寒、开胃消食等功效。挑选时可以从以下三个方面进行。

（1）正常挑选。辣椒一般分为红色和绿色两种，挑选时以果肉厚，果形完整，颜色鲜艳、有光泽，表皮光滑，含油量高，辣味较强者为好。此外还要注意大小均匀，剔除虫蛀、缺损、发蔫、腐烂者。

（2）挑选辣的。辣椒蒂弯曲、辣椒瘦长、颜色较深、皮薄的比较辣，而且皮越薄辣味越重。

（3）挑选不辣的。辣椒蒂平直、辣椒短粗、颜色较浅、皮厚的比较不辣，而且皮越厚的辣味越轻。

9. 青椒

这里的青椒主要指甜椒，一般有红色、绿色、黄色三种颜色，虽然不同品种的青椒营养成分比例稍有差异，但是它们都含有丰富的水分、维生素 C、维生素 B_6、叶酸和钾，生食与烹制后食用的营养成分几乎相同，可以按照自己喜欢的食用方法进行烹调。一般来说，选购青椒可以从以下三个方面进行。

（1）看色泽。成熟的青椒外观鲜艳、明亮、肉厚，顶端的柄是鲜绿色的；没有成熟的青椒肉薄，柄呈淡绿色。

（2）看弹性。购买时可以捏一下青椒，捏起来有弹性的比较新鲜。如果青椒表皮有褶皱或者捏起来比较软，说明已经不够新鲜，不宜选购。

（3）看肉质。青椒有四个棱的一般肉质较厚，质量较好。如果是 2～3 个棱，一般肉质较薄，吃起来口感稍差。

10. 番茄

据研究表明，番茄生吃、熟吃各有作用。每人每天食用 50～100 克鲜番茄，即可满足人体对维生素和矿物质的需要，熟吃则可以为身体补充抗氧化剂。所以平时可以按照以下方法选购食用。

（1）看颜色。番茄颜色越红的说明成熟度越高，口感越好。这里的意思是指自然成熟的番茄，颜色即使红也会透着光泽，不会给人不正常的感觉。除此之外，不要选购未成熟的青色番茄，这样的番茄含有番茄碱，食用后容易出现恶心、呕吐等不舒适的症状。

（2）看果蒂。番茄果蒂越小，说明番茄的筋越少，水分越多，果肉饱满，口感好。

（3）看成熟度。自然成熟的番茄发育充分，外形圆润，果肉红色多汁，籽呈土黄色，口感酸甜适中。人工催熟的番茄外形多呈棱形，果肉颜色不均，少汁，无籽或籽呈绿色。

11. 芸豆

芸豆营养丰富，不仅是补钙冠军，而且是难得的高钾、高镁、低钠的食材，适合一般人群，尤其适合心脏病、动脉硬化、高血脂、低血钾者食用。挑选时注意以下两点即可。

（1）看整体。芸豆以颜色呈嫩绿色、有光泽、种子颗粒饱满且整齐均匀、表面无破损和虫洞、触感紧实不发蔫的为好。

（2）闻气味。优质的芸豆具有正常的香气和口感，有酸味或霉味的芸豆质量较次。

12. 刀豆

刀豆的嫩荚和种子都能食用。种子可以用来煮粥等；嫩荚质地脆嫩，肉厚鲜美，可单作鲜菜炒食，也可和猪肉、鸡肉等煮食，不仅口感好，而且营养丰富，对于人体有一定的补益作用，适合一般人群，尤其是肾虚腰痛、气滞呃逆、风湿腰痛者食用。按照以下方法挑选即可。

（1）选嫩荚。选嫩荚时以颜色呈绿色、表皮光滑无毛、大而宽厚的为好。如果豆荚变为浅黄褐色，说明豆荚已经变老，不宜选购。而且即使是嫩豆荚也要煮熟、煮透后才能食用，否则容易引起食物中毒。

（2）选干种子。选购干种子时以种体无虫蛀，表皮光滑、饱满，颜色呈粉红色或淡紫红色，形状呈扁椭圆形的为好。

13. 扁豆

扁豆的营养成分相当丰富，包括蛋白质、脂肪、糖类、钙、磷、铁、钾及食物纤维、维生素 B_1、维生素 B_2、维生素 C 等，既可以为人体补充日常所需营养，又可以消暑除湿、健脾止泻等。由于扁豆有嫩扁豆荚和干种子之分，在选购时按照以下方法分别选择即可。

（1）嫩扁豆荚。嫩扁豆荚可作为蔬菜食用，因为豆荚颜色的不同，可以分为白扁豆、青扁豆和紫扁豆三种。其中白扁豆豆荚肥厚肉嫩，清香味美，是最常吃的扁豆种类。以荚皮光亮、肉厚不显籽的嫩荚为好；如果荚皮薄、光泽暗淡、籽粒明显，则说明扁豆荚已老熟，只能剥籽食用。

（2）干种子。干种子可作主食或者药用，有白色、黑色、褐色和带花纹四种。种类不同的种子营养保健功用也不同，可以根据自己的需求进行选择。但是总体以表面有光泽、无变色、无虫洞和腐烂的为好。

14. 豇豆

豇豆含有丰富的 B 族维生素、维生素 C 和植物蛋白质，有使人头脑宁静、调理消化系统、消除胸膈胀满等多种功效。选购时要注意以下几点。

（1）看整体。豇豆以颜色深绿色、有光泽、整体粗细匀称、籽粒饱满、没有病虫害的为佳。

（2）听声音。鲜嫩的豇豆很容易掰断，而且掰断时的声音比较清脆；老的豇豆不易掰断，而且掰断时的声音比较闷。

（3）看豆子。豇豆外表鼓豆越大说明豇豆越老，鼓豆越小说明豇豆越嫩。

（4）用手摸。用手触摸豇豆，豆荚较实且有弹性的比较鲜嫩；如果豆荚有空洞感，说明是老豇豆，不宜选购。

（5）白豇豆与绿豇豆。白豇豆短粗、弯曲，看上去比较老，适合做馅料，好入味且口感细软，宜熟；绿豇豆看上去比较嫩，细长且比较直，适合炒菜，口感较脆。

11 种常见菌菇，各有各的挑选方法

菌菇种类繁多，有人工培植的，有野外生长的，很多具有毒性，尤其是野外生长的，千万不可随意食用，即使是食用菌，也要仔细鉴别，将无毒作为挑选食用菌菇的第一要求。一般来说，食用菌菇中香菇、草菇、平菇、猴头菇、金针菇、木耳、银耳比较常见。食用菌菇属于真菌类，具有独特的营养价值，是理想的天然食品，平时可以仔细挑选，适量食用。

1. 香菇

香菇属于高蛋白低脂肪的食品，含有丰富的膳食纤维、碳水化合物、B 族维生素和矿物质，特别是含有一般蔬菜中缺乏的维生素 D 原，可在体内转化为维生素 D，对身体健康极为有益。目前市场上的香菇有鲜香菇和干香菇之分，选择的要点各有不同。

（1）选择鲜香菇。鲜香菇以比较完整、菌肉较厚，触摸起来湿而不黏、菌盖表面无滑腻感的为好。

（2）选择干香菇。干香菇分为花菇、厚菇、薄菇、菇丁，选择时要根据菌盖判断。花菇的营养最好，蛋白质、氨基酸和矿物质更高，明显特征是菌盖上有花纹。厚菇又叫冬菇，菌盖上没有花纹，颜色为栗色，肉质较厚。薄菇的肉质较薄，选择时要选择开伞少、较为完整的个体。菇丁在选择时要选择较嫩的，即以干制的菇丁倒过来看不到菌褶的为好。

2. 草菇

草菇因常常生长在潮湿腐烂的稻草中而得名，肥大、肉厚、柄短、爽滑，味道极美，有"兰花菇""美味包脚菇"之称。草菇是一种重要的热

带亚热带菇类，是世界上第三大栽培食用菌，我国草菇产量居世界之首，主要分布于华南地区。由于草菇营养丰富，味道鲜美，所以日常生活中可以适量选购、食用。一般来说，挑选优质的草菇可以采用以下方法。

（1）看颜色。草菇颜色有鼠灰褐色、白色两种，这两种颜色的草菇都可以选择。如果颜色中掺杂着黄色，则不宜选购。

（2）看形态。草菇以新鲜幼嫩、螺旋形、硬质、菇体完整、不开伞、不松身、无霉烂、无破裂、无机械损伤、无病虫、无发蔫和变质的为好。

（3）闻味道。草菇有其正常的味道，如果有发酸、腐烂等其他异味，则不宜选购。

3. 平菇

平菇又名侧耳，市面上品种繁多，是我们日常饮食中最常食用的菌菇之一。据研究表明，平菇的菌丝可以分泌多种酶，将膳食纤维及淀粉水解成单糖或双糖，对身体具有保健作用。如果想要选出优质的平菇，可以通过以下方法进行。

（1）看整体。平菇一整朵、菌盖未开裂、菌盖边缘向内弯曲、菌柄较短，整体肥厚而有水分的比较鲜嫩，挑选时可以选这样的平菇。

（2）闻味道。闻一下平菇有没有刺鼻的化学味道或其他异味，有的话不宜选购。另外平菇喷水保湿是正常的，只要不选择注水过多的即可。

（3）看根部。平菇根部一般会有一些碎屑，这些是平菇的培养基，如果是使用棉籽壳栽培的，平菇口感会更好。如果是用锯末栽培的，平菇口感会稍差。

4. 猴头菇

猴头菇又叫猴头菌，因外形酷似猴头而得名，其肉嫩、味香、鲜美可口，有"山珍猴头，海味鱼翅""素中荤"的美誉。猴头菇不仅是美味的食材，而且是上佳的药材，具有养胃和中的功效。另外，现代医学和药理学的很多研究都表明，猴头菇中提取出的有效成分可以帮助人体提高免疫力、抗肿瘤、抗衰老、降血脂等。因此日常生活中可以常吃猴头菇，而要挑选出质量较好的猴头菇可以通过下列方法进行。

（1）一定要挑选黄色的，因为黄色是第一茬长出来的，白色是二茬或三茬了。

（2）挑选毛短小的，毛长的说明猴头菇已经老了。但是不要挑选没毛的，那样的猴头菇不新鲜。

（3）挑选个头大的、长得饱满的猴头菇，这样的苦味比较小，口感好。

5. 金针菇

金针菇是可食用的菌类，菌盖小巧细腻，黄褐色或淡黄色，干部形似金针，故名金针菇。它不仅味道鲜美，而且营养丰富，是拌凉菜和火锅食品的原料之一。金针菇含有人体必需的氨基酸成分较全，其中赖氨酸和精氨酸含量尤其丰富，且含锌量比较高，对增强智力尤其是对儿童的身高和智力发育有良好的作用。不过新鲜的金针菇含有秋水仙碱，多吃易中毒，最好挑选回来之后放在热水中焯一下破坏此成分再烹调食用。

（1）看颜色。金针菇要挑选颜色看上去微黄、均匀、无杂色的，如果颜色太黄，有可能是已经长老了。

（2）看形状。金针菇以长约15厘米，菌盖未开的金针菇为好。如果菌盖已经长开，说明金针菇已经老了。

（3）闻味道。金针菇有自然的菌类味道，挑选时闻一下，如果有刺鼻的味道就不要买了，因为经常有不法商贩用硫黄熏制金针菇。

（4）看触感。用手触摸金针菇，如果有黏腻感则不宜选购。

6. 茶树菇

茶树菇是一种高蛋白，低脂肪，无污染，无药害，集营养、保健、医疗于一身的纯天然食用菌。它味道鲜美，用作主菜、调味均可。除此之外，茶树菇还具有美容、滋阴等功效。可以通过以下方法进行选购。

（1）看菌盖。菌盖应表面平滑，有浅皱纹直径5~10厘米，颜色呈暗茶褐色。

（2）看菌褶。菌褶以排列均匀，颜色呈浅褐色的为好。

（3）看菌柄。茶树菇菇柄以食指的三到四分之一大的为好，越大越老，质量越不好。

（4）看色泽。茶树菇以茶色为最好。

7. 口蘑

口蘑是生长在蒙古草原上的白色伞菌属野生蘑菇，一般生长在有羊骨或羊粪的地方，味道异常鲜美。挑选时要看以下几点。

（1）看菌盖。菌盖应肥厚，盖面干燥，直径在 2~5 厘米。

（2）看菌褶。菌褶应排列较密，颜色呈浅褐色。菌褶仍处封闭状态的口蘑比较新鲜，菌褶外露的会比较老。

（3）看菌柄。菌柄应短而粗壮，长度为 1~3 厘米。

（4）看颜色。依外观颜色区分可分为 4 种，即白色、灰白色、淡黄色及褐色，其中白色最受市场欢迎，也是产量最多的一种。

8. 鸡腿菇

鸡腿菇因其形如鸡腿，肉质味道似鸡丝而得名。鸡腿菇营养丰富，味道鲜美，经常食用有助于增进食欲，促进消化，增强人体免疫力，具有很高的营养价值。可以通过以下方法进行选购。

（1）看菌盖。菌盖以圆柱形，沿边缘紧紧包裹，直径在 2~13 厘米的为佳，颜色呈洁白至浅褐色。如果菌盖长开了，说明鸡腿菇比较老了，不建议选购。

（2）看菌褶。菌褶以排列稠密，颜色呈白至浅褐色的为佳。

（3）看菌柄。菌柄以颜色呈洁白色，长度在 8~12 厘米的为好。

9. 杏鲍菇

杏鲍菇因肉质丰厚，口感脆嫩似鲍鱼，且具独特的杏仁香味而得名。杏鲍菇营养价值较高，可以有效补充蛋白质，是夏季难得的菜品，有"平菇王"的美誉。挑选杏鲍菇时，可以通过以下方法进行。

（1）看长度。杏鲍菇以长度在 12~15 厘米的为好。

（2）闻味道。新鲜的杏鲍菇有淡淡的杏仁香味。

（3）看菌盖。杏鲍菇的菌盖平展但边缘不会上翘，像一个小帽子，如果菌盖有开裂说明已经不新鲜，营养价值会有所降低。

（4）看菌褶。菌褶以排列紧密、向下延生，且边缘及两侧较平的为佳。

（5）看菌柄。菌柄以组织致密、结实，颜色呈乳白色，触摸光滑的为佳。

10. 木耳

木耳的色泽为黑褐色，质地柔软呈胶质状，湿润时半透明，干燥时收缩变为脆硬的角质。常见的木耳有黑木耳和毛木耳之分。黑木耳营养丰富，含有蛋白质、脂肪、碳水化合物、粗纤维、磷脂、植物固醇和钙、磷、铁等矿物质，具有补血的作用。毛木耳营养、口感都比黑木耳差，所以在挑选时要注意鉴别。

（1）看区别。毛木耳的耳片背面长满了黄色、白色的绒毛，粗而长，而黑木耳的背面几乎光滑，只有淡淡的白色绒毛；黑木耳一般耳片薄，而毛木耳的耳片厚，几乎是黑木耳的两倍厚；毛木耳食用起来比较脆硬，而黑木耳食用起来较嫩。

（2）看整体。黑木耳以朵片完整、干燥松散、杂质少、手感轻和口尝无咸、甜、涩等味道的为好。

（3）看吸水性。质量上佳的黑木耳吸水性极强，吸水后肉质富有弹性，体积能增长 10 倍以上。

11. 银耳

银耳一般呈菊花状或鸡冠状，含有丰富的维生素 D、17 种氨基酸、海藻多糖，以及钙、磷、铁、钾、钠、镁、硫等多种矿物质，是肝脏解毒、清热健胃、增加免疫力、美容祛斑、减肥的上佳食材。平时可以通过以下方法选出品质较好的银耳。

（1）看颜色。买银耳并不是越白越好。太白的一般都是使用硫黄进行熏蒸的，所以应该选择白中略带黄色的银耳。

（2）闻味道。干银耳如果被特殊化学材料熏蒸过，会存在异味，凑在鼻子上闻会刺鼻。所以挑选时闻一下是否有异味，有的话就不要选购了。

（3）看质感。优质干银耳质感柔韧，不易断裂。

（4）看朵大小。优质银耳花朵圆润硕大，间隙均匀，质感蓬松，肉质比较肥厚，没有杂质、霉斑等。

（5）摸干湿。质量好的银耳摸起来干而硬。

7 种常见豆制品，营养丰富细心选

豆制品是指以大豆或杂豆为主要原料制成的食品，包括发酵豆制品、非发酵豆制品，类型多样，营养丰富，是我们餐桌上的常见美食之一。为了保证入口的豆制品质量有保证，一定要做好挑选工作。

一般来说，发酵豆制品是豆类经微生物发酵而成的豆制品，常见的有腐乳、豆豉、臭豆腐、纳豆等。发酵豆制品在有益微生物分泌的酶系作用下，大豆中的蛋白质、糖类、脂肪等分子结构发生改变，形成独特的香气、滋味，产生独特的营养价值。在发酵过程中，蛋白质、脂类和碳水化合物会被降解为肽、氨基酸、脂肪酸、单糖等，以植酸盐形式存在的矿物质也会在酶的作用下水解，更易于吸收。

非发酵豆制品包括豆浆、豆腐、豆腐干、腐竹、油豆皮、素鸡等，含有丰富的植物蛋白、大豆皂苷、卵磷脂等对人体有益的物质，对大脑也有一定的保健作用。

🛒 选购豆制品， 基础方法要知晓

鲜豆制品的保鲜期很短，在高温环境中很容易发黏变质。市场上一些不法商贩为了延长豆制品的保质期，会在豆制品中过量加入食品添加剂及非法化学物质，如护色剂、防腐剂、着色剂、甲醛、吊白块等达到保鲜目的。不过，即使是可以添加在食品中的食品添加剂，国家也有严格的要求和规范，超量使用会对人体健康带来隐患，更何况是不允许添加在食品中的非法化学物质。因此，在选购豆制品时，一定要避开这个问题。

1. 从正规渠道购买

选购豆制品时，一定要从正规渠道购买，如大型超市等质量监控比较严格的渠道，谨防购买到作坊生产出来的不合格产品。

2. 查看包装

对于有包装的豆制品，要仔细查看包装上豆制品的分类、生产日期、保质期等内容，还要留意豆制品的标识储存条件和现有的储存条件是否一致，这对豆制品的品质有很大影响。

3. 查看豆制品的颜色

豆制品品种多样，但是基本颜色都不会脱离豆子原本的乳白色、淡黄色，因此挑选豆制品要以此为基本颜色。

4. 闻一下味道

豆制品有其独特的豆香、豆腥味，在选购时，如果闻起来有酸腐味、化学试剂等异味，不宜选购。

5. 摸一下质地

好的豆制品摸起来不会有黏腻感，而且豆腐、豆干等豆制品触摸起来会有一定的弹性，不会有掉块、掉渣等现象。

🛒 几种常见豆制品，分类选购有方法

1. 豆腐

（1）闻气味。优质豆腐闻起来有浓浓的豆香味。劣质的则无豆香味，甚至会有一股淡淡的腥味或化学剂的味道。

（2）看颜色。优质豆腐的颜色略带黄色或淡黄色，有光泽。劣质豆腐则是无光泽、过白或偏白，有可能添加了漂白剂，不宜选购。

（3）摇一摇。如果挑选盒装豆腐时，可以用手摇一摇，以没有摇晃感，豆腐有一定硬度和弹性的为好。劣质豆腐不仅没有弹性和硬度，一摇还容易乱晃、易碎。

（4）看质地。优质豆腐细嫩柔软，没有杂质。劣质豆腐表面粗糙，用

刀切之后的切面毛毛糙糙的，有的豆腐甚至有塌下去的感觉。

（5）尝味道。优质的豆腐尝起来有劲道、豆香味。劣质的豆腐像嚼面粉一样，口感差。

2. 豆腐皮

（1）看色泽。优质的豆腐皮呈均匀一致的淡黄色，有光泽；次质的豆腐皮呈深黄色或色泽暗淡发青，无光泽；劣质的豆腐皮色泽灰暗而无光泽。如果豆腐皮通体金黄可能是加了王金黄，如果特别白，可能是加了吊白块或洗衣粉，都要注意。

（2）闻气味。闻一下豆腐皮的味道，优质豆腐皮具有豆腐皮固有的清香味，无其他任何不良气味；次质豆腐皮其固有的气味平淡，微有异味；劣质豆腐皮具有酸臭味、馊味或其他不良气味；加了工业添加剂的豆腐皮则会散发出异味，甚至是刺鼻的味道。

（3）尝味道。购买时可以撕一小块豆腐皮尝一下。优质豆腐皮具有豆腐皮固有的滋味，微咸；次质豆腐皮其固有滋味平淡或稍有异味；劣质豆腐皮有酸味、苦涩味等不良滋味。

（4）看组织结构。购买时取一块样品进行观察，并用手拉伸试验其韧性。优质豆腐皮的组织结构紧密细腻、富有韧性、软硬适度、薄厚度均匀一致、不粘手、无杂质；次质豆腐皮的组织结构粗糙、薄厚不均、韧性差；劣质豆腐皮的组织结构杂乱、无韧性、表面发黏起糊、手摸会粘手。

3. 腐竹

（1）看色泽。好的腐竹颜色呈淡黄色，有光泽；差一些的腐竹色泽较暗或者泛青白、洁白色，无光泽；劣质的腐竹呈灰黄色、深黄色或黄褐色，色暗无光泽。而加入吊白块的腐竹色泽鲜亮，像打了蜡一样。

（2）看外观。好的腐竹是枝条或片叶状，质脆易折，折断有空心，无霉斑、杂质、虫蛀；次一些的腐竹也是枝条或片叶状，但有较多的碎块或折断的枝条，较多实心条。

（3）闻气味。购买散装腐竹时可以闻一下气味。好的腐竹有其固有的豆香味，无其他任何异味；次一些的腐竹香味平淡；劣质腐竹有霉味、酸臭味等不良气味。

（4）尝味道。购买散装腐竹时可以拿一块在嘴里咀嚼一下。好的腐竹有其固有的鲜香味；次一些的腐竹味道平淡；劣质腐竹有苦味、酸味或涩味等不良滋味。

（5）浸泡。如果对买回家的腐竹仍不放心，可以用温水浸泡 10 分钟左右，若泡出的水是黄色且没有浑浊，说明腐竹质量上佳；若泡出的水呈黄色且浑浊，说明腐竹质量不好。

（6）测弹性。用温水泡腐竹，泡软之后拿出来轻拉，有弹性的是质量比较好的腐竹，没有弹性的是质量比较差的腐竹。而弹性已经上升到韧性，且韧性非常强的，一般是毒腐竹。

4. 腐乳

（1）看颜色。腐乳中红腐乳、白腐乳比较常见。但是无论哪种腐乳，内在都是乳白色、淡黄色，有这样颜色的腐乳基本可以判定为好腐乳。如果腐乳颜色过黄、发绿、发黑则不宜选购。

（2）尝味道。优质腐乳尝起来有豆香味、香滑感。劣质腐乳会有氨味、酸腐味、臭味等异味。

（3）看包装。购买腐乳最好选择小份装，玻璃瓶或陶瓷瓶装的产品，而且包装上产品信息要齐全。当腐乳产品包装有胀盖的现象时，说明腐乳已经变质。如果是塑料瓶盖的腐乳产品，当发酵过度时会发生瓶内液体渗漏的现象，观察瓶盖附近有无液体渗漏就可以判断了。

5. 豆豉

豆豉是发酵的豆制品调味料，其加工原料有黑豆和黄豆两种，所以豆豉分黄豆豆豉和黑豆豆豉两种。豆豉含有丰富的蛋白质、脂肪、碳水化合物、矿物质和维生素，还含有人体所需的多种氨基酸，可以增加食欲、促进吸收等。

一般来说，挑选豆豉以颜色乌黑发亮，颗粒完整、质地松软，闻起来具有酱香，吃起来咸淡适口、滋味鲜美、无苦涩味或腐霉味的为好。

6. 豆瓣酱

豆瓣酱是各种微生物相互作用，产生复杂的化学反应酿造出来的一种发酵红褐色酱料，原材料是蚕豆、曲、盐，后又根据消费者不同的习惯，在其中加入了味精、辣椒、香油等材料，也因此增加了豆瓣酱的种类。不过挑选方法大体相同。

（1）看包装。豆瓣酱最好买用瓶或小桶装好的，要看生产日期及生产厂家。海天豆瓣酱既可以蘸着生菜直接吃，也可在炒菜的时候用；郫县豆瓣酱要在高温加热以后再吃。

（2）看色泽。一定要选择色泽红亮的豆瓣酱。

（3）看外形。观察豆瓣的外形，形状完整的为佳。

（4）闻味道。豆瓣酱的味道一定要醇香，不能有酸味或霉味。

7. 臭豆腐

（1）看。看放臭豆腐的水，如果黑得像墨水一样，有小颗粒沉淀，则说明臭豆腐有问题，不宜选购。

（2）嗅。闻一下臭豆腐是否有刺鼻、恶臭、带有金属味等异味，如果有则不宜选购。

（3）掰。掰开豆腐看一看，如果里面的颜色很白，是豆腐末的感觉，说明是未经发酵过的速成臭豆腐，质量稍差，以里外颜色接近的为好。

仔细挑选，容易引起食物中毒的蔬菜不要买

很多蔬菜在种植、销售过程中容易农药残留或者添加剂超标，因此一定要在购买时仔细鉴别，如果发现这样的蔬菜最好不要购买，避免因为食用这样的蔬菜而导致食物中毒。

1. 发芽土豆

发芽的土豆中含有一种名叫龙葵素的弱碱性生物苷，具有腐蚀性、溶血性，食用后容易导致喉咙瘙痒、腹泻、头晕、头痛、呼吸困难等症状，因此在挑选土豆时，最好直接将这样的土豆隔离在外。如果家里的土豆变成这样又不想浪费，在食用时要挖去芽部及周围土豆组织，在水中多浸泡一段时间，烹饪过程中多加食醋，烹饪温度和时间一定要适当延长，这样可以利用龙葵素溶于水，遇醋酸易分解，高热、煮透可解毒的特性，将危害尽量降低。

除此之外，未成熟的土豆、翻新土豆也都含有龙葵素，不宜选购。所谓翻新土豆，就是将老土豆放进专门的清洗机器里面，经过水洗、浸泡、机器抛光，把已经长芽的土豆变为"无芽"土豆，老土豆变成表皮光鲜的"新土豆"。之后再把土豆进行一系列的处理，给人以新鲜感。但是这样的土豆中也含有大量的龙葵素，对身体健康危害更大。因此，挑选时一定要把颜色很新，但是不容易被搓掉皮，且身上孔洞较深的土豆剔除在外。

2. 蓝矾韭菜

韭菜容易发蔫，为了延长韭菜的保鲜期，让韭菜看起来卖相更好，很

多商贩们会经常往韭菜上喷些东西，以保持韭菜的新鲜度。区别在于，有的商贩喷的是无害的水，有的商贩喷的则是一种叫蓝矾的东西。蓝矾学名五水硫酸铜，易溶解于水中，价格便宜，用来做保鲜剂可以让韭菜看起来鲜亮翠绿，吸引消费者。不过蓝矾的主要成分是硫酸铜，具有一定腐蚀性，吃多了容易刺激肠胃，引起呕吐、腹泻，危害肝、肾等内脏健康，还容易造成铜摄入量超标，进一步加深对身体造成的危害，因此在挑选时如果发现韭菜叶子翠绿鲜亮，根部却发青，则要考虑喷了蓝矾的可能性；用手触摸，如果摸到了蓝色的粉末、小颗粒，或者手变蓝了，则韭菜被喷蓝矾的可能性相当大；闻一下，如果韭菜有铜锈的味道，也可能被喷了蓝矾，均不宜选购。

3. 亚硫酸泡过的莲藕

莲藕是埋在泥里生长的，挖出来之后不会是白白净净的，就算用清水冲洗过，莲藕皮也是自然发黄的，而不是白白净净的。因此在市场上看到过于白净的莲藕，就要考虑其是否是被亚硫酸泡过的。亚硫酸有很强的腐蚀性，用水稀释后泡莲藕可以让莲藕变得白白净净，给消费者一种清洗得很干净的错觉，其实长期食用被亚硫酸泡过的莲藕，会损伤胃肠道，引起其他中毒反应。因此在挑选时，如果莲藕看起来很白，闻着有香味或者淡淡酸味的，一般被工业用酸处理过，不宜选购。

4. 被催熟的番茄

为了能够卖高价，一些商家会对番茄进行人工催熟。一般人工催熟常用的催熟剂是乙烯利。根据国家标准，每公斤蔬果中乙烯利的含量不超过2毫克就是安全的，即乙烯利的毒性比较低，但是在使用过程中并不能保证所有商贩的科学操作，如果有不法商贩在番茄上直接涂乙烯利或者过量使用，长期食用依然会对人体造成伤害。而且催熟的番茄只是样子比较好看，本身并没有经过完整的生育期，所有会有口感发涩、无番茄味、果肉硬等现象，而且品质、营养各方面也比正常成熟的番茄逊色很多。最重要的是，不成熟的番茄里含有大量的龙葵素，龙葵素积累多了，人体会出现嘴里发苦、头晕、恶心等一系列中毒反应。因此，在挑选番茄时，要把被催熟的番茄剔除在外。一般情况下，自然成熟的番茄颜色越红说明成熟度越好，但是它的红跟催熟的番茄还是有一定差别的。自然成熟的番茄红得自然，果皮发亮，颜色分布不均；催熟的番茄果皮发暗，颜色均匀。自然成熟的番茄外形圆润，催熟的番茄一般有棱有角的感觉。用手捏一下番茄，皮薄有弹力，摸上去结实而不松软的是好番茄。而催熟的番茄摸上去手感较硬。此时掰开也会发现，自然成熟的番茄籽多、汁多，而催熟的番茄结构不分明，籽少、汁少。

5. 鲜黄花菜

黄花菜又被称为金针菜，在鲜黄花菜中含有秋水仙碱，秋水仙碱本身毒性不强，但是进入体内后会被氧化，转变成氧化二秋水仙碱，是一种剧毒物质，可毒害人体胃肠道、泌尿系统，严重威胁人体健康。因此，在选购黄花菜时，如果有可能，尽量不要选购鲜黄花菜。如果买了鲜黄花菜，则在烹饪前要先用开水煮 10 分钟，之后再烹调，这样可以破坏秋水仙碱。不过干黄花菜为了卖相好看，一般会经过熏硫工艺，会残留二氧化硫，往往颜色越鲜艳熏硫越严重，在购买时应该要格外留意。

6. 毒豆芽

毒豆芽是指在豆芽生产过程中非法添加对人体有害的工业原料、激素、农药、化学、兽药、抗生素等，从而改变豆芽生产周期和外观，增加豆芽产量，最后流入市场销售的豆芽。这些豆芽都会对人体健康产生危害，一定要引起警惕。所以在挑选豆芽时要注意以下几点。

（1）看颜色。优质的豆芽颜色自然洁白、有光泽；如果是加过漂白剂的豆芽，颜色会过白、灰白，并且光泽不好，不宜选购。

（2）闻气味。如果豆芽大量使用了增白剂、保鲜粉等硫制剂，二氧化硫一定会超标。把买回来的豆芽用开水烫一下，然后闻气味，如果有臭鸡蛋味则说明其含有大量的硫制剂，不可食用。

（3）看粗细。好的豆芽应该是大小均匀、粗细适中的。如果呈短粗状，说明豆芽质量较差。

（4）看长度。豆芽不宜过长，标准的豆芽长度应在 10 厘米以下，若过长，说明使用了催化剂，食用的话对身体没好处。

（5）看芽根。挑选豆芽时建议观察芽根根须是否发育良好，无烂根、烂尖现象的是自然成熟的豆芽，用化肥浸泡过的豆芽根短、少根或无根。

（6）看水分。挑选时用手指掐一下，好的豆芽手感非常脆嫩，有一定水分渗出。但是保鲜粉溶液泡过的豆芽被折断后会渗出大量的水，与好豆芽水嫩的感觉不一样。

Part 4　练就火眼金睛，

　　　　挑出安全又美味的健康水果

水果蔬菜，不能相互替代

日常饮食中，很多人认为水果和蔬菜都来源于植物，营养成分差不多，它们之间是可以相互替代的，因此根据自己的偏好，选择水果和蔬菜中的一种来食用，另一种很少食用。但是根据研究显示，水果和蔬菜的营养价值有所区别，两者之间不能相互替代。

大多数蔬菜较水果来说具有更丰富的维生素、矿物质和不可溶性膳食纤维等对人体有益的营养物质，鉴于此，选择蔬菜即可满足人体对这些营养元素的补充，不用再食用水果。但是不要忘了，水果所含的各种有机酸、芳香类物质是蔬菜中含量较少或没有的。而且水果一般生吃，保留下的营养元素更丰富、多样，所以每日食用 400 克蔬菜、200 克水果是比较好的膳食比例。

具体来说，水果的不可替代性主要包括以下方面。

1. 碳水化合物含量不同

蔬菜中碳水化合物含量较低，一般含量为 1% ~ 3%，而水果中则为 8% ~ 10%，且水果中的碳水化合物大部分为葡萄糖、蔗糖、果糖，可以为身体补充更多的有益元素。

2. 维生素和矿物质含量不同

蔬菜，特别是深色蔬菜中维生素和矿物质的含量远远高于水果，膳食纤维一般也多于水果，但是蔬菜一般要经过烹调才能食用，维生素损失比较大，所以生食水果来补充蔬菜中损失的维生素还是十分有必要的。

3. 有机酸种类不同

水果中的有机酸种类多于蔬菜，且含量较多，是水果品质的重要指标之一。常见的有机酸有柠檬酸、苹果酸、酒石酸、乙酸、丁二酸等，是果实中主要的风味营养物质和有益元素，可以软化血管，促进钙、铁元素的吸收，刺激消化腺的分泌活动，增进食欲和帮助消化等。

4. 芳香类物质

水果中含有各种芳香类物质，比如醇类、酯类、醛类和酮类等，可以刺激食欲，并有助于食物的消化吸收。

由此可见，尽管水果和蔬菜的某些营养元素是相同的，但是仍然有其不可替代性，每天摄入适量的水果，可以为身体补充更多有益的成分。

"不安全"的水果，不宜选购

　　水果含有大量水分、糖分，在种植过程中容易生虫，在贮存过程中容易腐烂，因此，为了让水果更加新鲜，延长保质期，有些水果会被"动手脚"，变得不安全。为了保证入口的水果都是安全水果，在挑选、食用水果时，要把那些"不安全"因素剔除掉。

🛒 被"动手脚"的水果，不宜选购

　　1. 打蜡

　　打蜡是国家允许的在水果表面做的保鲜处理，但是一般都是用的食用蜡，如果碰到不良商贩为了节约成本，用工业蜡代替食用蜡给水果打蜡，就会造成水果含铅、汞超标，对人体健康产生危害。一般苹果、柚子、橘子、橙子、栗子等水果容易进行打蜡处理，挑选时要格外注意。

　　2. 催熟

　　由于很多水果会进行长途运输才能到达市场、超市等地方，所以为了保证水果新鲜，没有熟过头，很多水果在未成熟的状态下被采摘下来，到了卖场之后再进行催熟处理。一般来说，国家允许使用的催熟剂是乙烯，不过有严格的用量和使用间隔。只是在水果销售过程中，发现有用二氧化硫、甲醛等化学品对水果进行催熟的，这些物质残留在水果上，都会对人体造成伤害。在挑选水果时，尽量鉴别被催熟的水果。

　　3. 染色

　　有些商贩为了让水果色泽更鲜亮，卖相更好，会给水果进行染色处

理，但是这些染色剂残留容易对身体健康产生危害。如果在市场上看到颜色格外鲜亮的橙子、橘子、柚子等，一定要用湿巾擦拭一下表面，看看是否掉色，如果掉色就不要买了。

4. 喷酸、泡酸

由于很多水果保存时间较短，所以为了延长保质期，有些不法商贩会采用喷酸、泡酸的方法对水果进行处理。比如用稀释过的盐酸喷在荔枝表面，让未成熟的荔枝表皮变得红嫩、新鲜；用工业柠檬酸浸泡桃子，让桃子变得桃色鲜红，卖相上佳且不易腐烂。但是，盐酸、工业柠檬酸具有较强的刺激性，容易损伤胃肠道、损害人体神经系统，诱发多种疾病，甚至癌症的，一定要引起警惕。

5. 增加甜度

给水果增加甜度一般用糖精、甜蜜素等。但是这两种物质属于食品添加剂，不允许用在新鲜水果中，过量食用容易增加肾脏负担。据调查显示，有些不法商贩会用糖精泡冬枣来增加冬枣的甜度，使冬枣的果皮由青变红，吸引消费者，所以在挑选时要格外注意。

🛒买回来的水果，有些问题不能忽视

1. 磕碰伤口

大量水果在运输、购买过程中免不了要发生磕碰，所以在挑选水果时，尽量避免挑选有磕碰、伤口的水果。这些水果不仅不耐贮存，而且容易造成果皮上的农药残留渗入果肉，长期食用对人体健康不利。不过买回来的水果不小心磕碰出伤口，在短时间内洗净，去掉磕碰的部分可以直接食用，不会对人体产生危害。

2. 低温冻伤

热带水果在低温条件下，其含有的超氧化物歧化酶的活性会急剧降低，破坏水果的内部细胞结构，导致果皮变黑。其实这种短期内的低温并不会导致热带水果果肉变坏，去皮之后还是可以照常食用。如果果肉出现异味则不宜继续食用。

3. 霉变腐烂

有些不法商贩为了利润，常常将一些部分变质的水果便宜出售，或是将水果的变质部分去除，包上保鲜膜继续售卖。但是这种切掉霉变、腐烂部分的做法并不保险。一般水果上的霉斑是以展青霉素为代表的青霉，展青霉素会引起胃肠道功能紊乱、肾脏水肿等症状，而且展青霉素与细胞膜的结合过程是不可逆的，也就是说它们会赖在细胞上，对细胞造成长期的损伤，无法修复。当肉眼可见霉斑时，霉菌产生的展青霉素其实已经扩展到水果的其他部位了，小面积切除无法保证其安全性。所以，当水果贮藏时间过久、产生霉斑时，要毫不犹豫地将整个水果扔掉。此外，霉菌还会污染其他保存较好的水果，一旦发现有发霉水果要尽快清理，并检查其他水果有无感染霉菌。

4. 变味水果

很多人会有这样的经历，水果放久之后，表面上没有明显的异常，但是会散发酒味。这是因为水果在贮藏过程中因为缺氧，转而进行无氧呼吸，将糖类物质转化为酒精，所以会发出酒精的味道。这种味道并非发霉变质，水果可以继续食用。如果水果不仅有酒精的味道，而且表面有变色、变软等痕迹了，很有可能存在其他有害的杂菌，不宜继续食用。

告别工业蜡，挑出美味健康好苹果

　　苹果是最常见的水果之一，一年四季都有销售，它不仅香甜多汁，而且营养也比较丰富。比如苹果中含有多种维生素、脂质、矿物质、糖类等，可以补充人体所需的多种营养物质。而且相比其他水果来过，苹果糖分含量少，更利于控制血糖和体重。

　　苹果的品种很多，大概可以分为红苹果、青苹果和黄苹果。红苹果的品种很多，常见的有红富士、洛川、嘎啦、花牛等，其甜度和脆度与温度、环境等很多因素有关；黄苹果比较绵软、水分少，适合儿童和老年人食用；青苹果口感较脆，酸甜可口。日常生活中可以根据自己的口味挑选适合的苹果食用。

🛒挑苹果，小心工业蜡苹果

　　本来打蜡不是一件恐怖的事情，苹果本身就有一层果蜡，只要打上的蜡是食用蜡，对人体没有伤害，不仅可以为苹果保鲜，留住苹果的香味，还能让苹果看起来更有光泽、更漂亮。但是如果不良商家选用了工业蜡，则会涂出毒苹果。因为工业蜡一般含有铅、汞等重金属，人吃了会积累毒素，损害身体健康。为了避免选到打了工业蜡的苹果，购买时可以用湿纸巾擦一下，如果掉色，说明抹了工业蜡的可能性极大，如果不掉色，则回家清洗干净后可以正常食用。

用7步，选出健康好苹果

1. 选择新鲜的苹果

判断苹果是否新鲜，可以通过果蒂来进行：果蒂是浅绿色的，苹果一般比较新鲜；果蒂是枯黄或者黑色的，说明苹果距离采摘时间已经很长了，不宜选购。

2. 选择成熟度高的苹果

苹果的成熟度越高，口感、甜度越好。一般可以通过按压苹果来判断其成熟度：按压起来很硬的苹果，成熟度往往没有按压起来较软且有弹性的苹果高。

3. 根据表面选择苹果

挑选苹果时，表面颜色比较均匀的为好。其他可以按照苹果不同而有不同的选择依据。比如挑选红富士时，较好的红富士苹果的表面有一丝红黄色而非全红色的条纹，通常这样的比较脆甜，而全身红彤彤的水分比较少，果肉比较绵软；挑选花牛和蛇果时，要挑选表面全红至浓红的苹果，而且表面较为光洁、无斑点的质量上乘；挑选黄元帅时，以颜色发黄、麻点比较多的为好。

4. 选择个头正常的苹果

买苹果并不是个头越大越好，而要选择果形端正、大小均匀适中的苹果。如果个头相似，掂起来比较轻的苹果相对口感比较绵，较重的苹果相对水分多、口感比较脆。

5. 选择安全认证的苹果

可以选择无公害、绿色和有机认证的苹果，这类苹果在生长过程中有严格控制的施药和残留标准，果皮中重金属和农药残留会少得多。

6. 选择套袋的苹果

选择套袋苹果，可以选择套袋上明显有污垢的。这类苹果受到污染气体、农药喷洒等的影响比较小，且采摘后去除套袋再打蜡再套袋过程烦琐，所以这样的套袋苹果一般都未经打蜡，吃起来比较安全。

7. 选择本地应季新鲜苹果

选择本地应季新鲜苹果。这类苹果采摘后直接运到本地市场上，无须太长运输时间，一般不打蜡。按照清洗方式仔细清洗表面后再食用即可。

苹果尽量挑选质量上乘的买回来之后，还要注意清洗干净，之后才能食用。此外，食用时不要吃苹果核，因为苹果核中含有少量有害物质氢氰酸，氢氰酸是一种无色伴有轻微苦杏仁气味的剧毒物质，会导致头晕、头痛、呼吸速率加快等症状，摄入过量还会致死。成年人食用苹果果核后，进入体内的氢氰酸很少，可以通过代谢排出体外，但是对婴幼儿来说可能会产生严重后果。所以，吃苹果、榨果汁、制果泥时，都要去掉苹果核。

选香蕉，尽量避免催熟的

香蕉是热带、亚热带水果，根据形态特征大致可以分为香蕉、大蕉、粉蕉三大种类。香蕉类果形略小，弯曲，因为所含纤维较少口感细致嫩滑，是我们最常食用的类型。大蕉类的果实较大，且果形较直，棱角显著，果皮厚而韧，香气较少，品质次之。粉蕉类果形较短，呈长椭圆形，果皮薄而微韧，品质较差。

香蕉口感软糯，易消化，各年龄段均可食用。而且香蕉含有丰富的糖、蛋白质、果胶和钾、钙、磷、铁等矿物质及多种维生素，几乎不含胆固醇，对人体健康较为有益。不过香蕉糖分较高、含钾量较高，高血糖、糖尿病、急慢性肾炎、肾功能不全者尽量要少吃或者不吃，以保证自己身体健康。

5步，选出质量上乘的香蕉

1. 看颜色

一般好的香蕉表皮呈金黄色，熟得非常好的还会带有麻点。有些香蕉部分表皮带有青绿色，说明还没有完全成熟，买回家放几天口感会更好。

2. 看外皮

选购时以外皮无损伤的为好，如果有损伤，香蕉不易保存。不过要注意的是，表示成熟得非常好的麻点不是损伤，购买时要做好区分。

3. 看手感

拿起香蕉掂一掂，好的香蕉手感比较厚实而不硬，成熟程度刚好。太硬，则还没完全成熟；太软，表示已经成熟比较久了，可能会影响口感。当发现香蕉柄快要脱落，或者已经脱落的时候，这串香蕉可能已经成熟比较久了，即使选购，也要尽快食用。

4. 闻味道

香蕉有特殊的味道，用化学药品催熟的香蕉闻起来没有香蕉特殊的味道，有一股化学制剂的味道。

5. 尝一尝

自然成熟的香蕉熟得比较均匀，吃起来香蕉心是软的，但是催熟的香蕉香蕉心是硬的。

🛒 有些香蕉，可以食用不宜挑选

1. 变黑的香蕉

香蕉成熟后，香蕉皮就开始变黑。这是因为香蕉皮细胞中的多酚类物质，在多酚氧化酶的作用下转化为羟基醌，进而聚合形成的一种邻苯二酚型黑色素，使得香蕉皮变为黑色或是褐色，这是一种"褐变反应"，苹果、梨等去皮后变色与之同理。

另外，香蕉存储的最佳温度是13℃左右，将香蕉放入冰箱后，其表皮会因为冻伤发生褐变反应而变黑。同理，将香蕉放在暖气片上，香蕉皮也会变黑。

但是以上这些方式导致的香蕉皮变黑，只要香蕉肉还是正常状态，没有腐烂、变质，香蕉都可以食用。只是在购买的时候不宜选购表皮已经变黑的香蕉，即使选购，也要尽快食用，以免香蕉腐烂。

2. 催熟香蕉

七分熟的香蕉采摘下来，运往各个卖场，用乙烯催熟上架，是香蕉的常见售卖方式。在国家规定范围内使用乙烯催熟香蕉，这样的香蕉食用后不会对身体产生伤害。但是如果香蕉是用二氧化硫催熟的，长期食用容易造成毒素累积，对身体健康产生危害。所以，如果看到香蕉颜色艳丽的不正常，闻着有化学制品的味道，则不宜选购。

识别染色橘子，挑出健康好吃的

橘子水分含量高且营养丰富，不仅吃起来鲜嫩多汁，而且具有多种健康功效。比如，橘子富含维生素 C 和柠檬酸，1 天 1 个即可满足人体 1 天中所需的维生素 C 含量，还可以美容、消除疲劳；含有膳食纤维和果胶，可以润肠通便、降低胆固醇；含有"诺米林"，是一种抗癌活性很强的物质，可以帮助人体防癌抗癌等。除此之外，中医认为橘子味甘、酸，性温，入肺，具有开胃、止渴、润肺等功效，适当常吃对身体健康有益。下面教大家如何挑出安全的橘子。

🛒 教你识破染色橘子

有些不法商贩会用橘红 2 号给橘子染色，让橘子看起来更加光鲜亮丽，以此来吸引消费者，提高销售量。但是国家标准《食品添加剂使用标准》中未规定橘红 2 号染料可以用于柑橘类水果的增色，一旦最大残留量超过 2 毫克/千克，即有可能损伤肝肾，对人体健康造成伤害。尽管染色剂是染在橘皮上的，不直接接触橘肉，可是没有人能百分之百肯定这些颜色不会渗透到橘肉中对橘肉造成污染，所以染色橘子还是在挑选时直接剔除在购买名单之外比较好。

那么如何分辨染色橘子与正常橘子呢？可以通过以下三种方法来判断。

1. 观察

观察橘子表面的小孔及果蒂的断面，如果小孔及断面有变红的迹象，说明橘子被染色了。

2. 触摸

触摸橘子表面和剩下的橘叶，如果有黏腻感，也可能是染色造成的。

3. 擦拭

用湿纸巾擦拭橘子，如果掉色，说明橘子染色的可能性非常大，不宜选购。

好橘子这样挑

通过以上方法去掉染色橘子之后，还可以通过以下方法挑出质量上乘的橘子。

1. 看颜色

多数橘子的外皮颜色是从绿色，慢慢过渡到黄色，最后变成橙黄或橙红色，所以颜色越红，说明橘子熟得越好，味道越甜。不过要注意的是，贡橘在成熟前采摘，果皮是青绿色的，但味道也不酸。另外，可以观察橘蒂上的叶子，如果叶子颜色鲜嫩，说明橘子也比较新鲜。而且，如果是自然成熟的橘子，整箱橘子的颜色应该深浅不一，如果都是一个颜色，就要鉴别是否是染色橘子了。

2. 看大小

橘子个头以中等为最佳，太大的皮厚、甜度差，小的又可能生长得不够好，口感较差。

3. 看表皮

表皮光滑、上面的油胞点比较细密的，说明橘子酸甜适中。

4. 测弹性

皮薄、肉厚、水分多的橘子一般有很好的弹性，用手捏下去，感觉果肉结实但不硬，一松手，就能立刻弹回原状。

5. 闻气味

购买时闻一下橘子的气味，如果气味清新，说明橘子成熟度高、比较新鲜，如果气味小，说明质量较差。如果没有味道或者有其他异味，不建议购买。

猕猴桃，个头适中的比大的更安全

猕猴桃质地柔软，口感酸甜，不仅吃起来美味，而且营养丰富。据研究表明，猕猴桃含有猕猴桃碱、蛋白水解酶、单宁果胶等有机物，钙、钾、硒、锌、锗等微量元素和人体所需 17 种氨基酸，维生素 C、葡萄酸、果糖、柠檬酸、苹果酸和脂肪等，整体所含营养价值超过其他水果的 2 倍，有"超级水果"的美誉，所以挑选出安全的猕猴桃适量食用，对于身体健康较为有益。

🛒为什么说猕猴桃个头适中的比大的更安全

在猕猴桃的种植过程中，为了增加猕猴桃的产量，有些不良果农会用一种叫作"大果灵"的农药来刺激猕猴桃生长。这样长大的猕猴桃个大，但是味道不好，保存时间也只有十几天。据调查显示，这种做法并不会直接对人体产生危害，但是有些果农为了区别抹了"大果灵"的猕猴桃，也为了让猕猴桃看起来颜色更漂亮，会用染料来给猕猴桃染色。这些染料并不可控，如果是廉价的工业染料，会有一定毒性，渗透到猕猴桃里污染果肉，人食用后会造成毒素累积，甚至致病、致癌、致畸等。因此在选购猕猴桃时，尽量选择个头适中的为好。

🛒只用 5 步，选出质量上乘的猕猴桃

1. 看外表

挑选时，一定要注意猕猴桃是否有机械损伤，凡是有小块碰伤、有软点、有破损的，都不能买。因为只要有一点损伤，伤处就会迅速变软，然后变酸，甚至溃烂，让整个果子在正常成熟之前就变软、变味，严重影响

猕猴桃的食用品质。

2. 看颜色

挑选时买颜色略深的猕猴桃，接近土黄色的外皮，这是日照充足的象征，果肉也更甜。如果颜色特别鲜亮，就要考虑染色剂的问题了。

3. 看形状

选猕猴桃时一定要选头尖尖的，像小鸡嘴巴一样的，这样的猕猴桃一般没有用过激素或者用得很少；头像扁扁的鸭子嘴巴的猕猴桃一般是用了激素的，最好不买。而且重量超过 150 克以上的极有可能用了"大果灵"，最好挑重量在 80~150 克之间的。

4. 看成熟度

选购猕猴桃时，一般要选择整体处于坚硬状态的果实。凡是已经整体变软或局部有软点的果实，尽量不要选购。如果选了，回家后要马上食用。

5. 看果肉

正常的猕猴桃果心较细，果肉酸甜，果香浓郁。用了农药的猕猴桃果心较粗，果肉发黄，淡而无味。选购时如果有试吃，可以先试吃一下，符合自己的口味再选购。如果没有试吃，也可以先买一个尝一下再选购。

"化妆"桃子，选购时要避开

桃子肉质鲜美，营养丰富，素有"寿桃""仙桃""天下第一果"的美誉。桃子品种很多，一般比较常吃的有三种：果皮有毛的毛桃，果皮光滑的油桃，果实呈扁盘状的蟠桃。这三种桃子均富含蛋白质、碳水化合物、粗纤维、维生素，以及钙、磷、铁等矿物质，适合一般人群，尤其适合低血钾和缺铁性贫血患者食用。

🛒 什么是 "化妆" 桃子

所谓"化妆"桃子，是经过"人为加工"的桃子。比如将青涩半熟的桃子用明矾、甜蜜素、酒精等泡过，变得脆甜可口；或者将桃子用工业柠檬酸浸泡，既能保鲜，不易腐烂，又能使桃色变得鲜红，卖相上佳。但是经过这些手法"化妆"过的桃子，前者摄入过多容易导致骨质增生、记忆力减退、痴呆、皮肤弹性下降以及皱纹增多等问题，后者容易损害人体神经系统，诱发过敏性疾病，甚至致癌。所以在选购时一定要避开"化妆"桃子。

🛒 桃子这样挑选更安全

1. 看颜色

挑选桃子时要注意，并不是颜色越红的桃子越好吃，成熟的桃子红色的地方斑驳，像水墨画印染的感觉。如果桃子颜色艳丽且均匀，要考虑是否有染色、工业柠檬酸泡过的可能。

2. 看大小

尽可能挑选大小适中的桃子，过大的桃子内部或许已经裂开了，过小的桃子有可能生长不良，均不宜选购。

3. 摸表皮

用手摸桃子的表面，成熟且口感较好的桃子表面不是很光滑，会出现小坑洼或小裂口。

4. 闻味道

成熟的桃子会散发出自然的清香，很多又大又红的桃子不一定会有这种香味，因为有可能使用了膨大剂或染色剂。

5. 掂分量

挑选时掂一下桃子的重量，差不多大小的桃子，较重的水分多，口感好。

6. 看软硬

刚摘下来的新鲜桃子，果肉紧实，捏起来不会发软，可以延长存放时间。

7. 看桃毛

新鲜的毛桃和蟠桃表面都会有一层密集的小绒毛保护果实，如果表面毛少了或已经打湿，说明毛桃和蟠桃已经不新鲜了。而且也不排除使用过其他东西处理过，比如工业柠檬酸、明矾浸泡等。

8. 尝味道

味道很甜的青桃子，如果表面还没有桃毛，那就要小心，看是否是明矾泡过的。

除了看桃毛之外，其他的选购标准油桃也同样适用。所以在选购各种品种的桃子时，都可以套用这一方法，从而选出质量上乘且安全的桃子。

选购鲜枣，要谨防糖精枣

　　鲜枣的种类繁多，营养丰富，古人有"日食三枣，长生不老"之说，虽然有些夸张，但是不可否认的是鲜枣的营养价值。根据研究表明，鲜枣含有有机酸、胡萝卜素、蛋白质、维生素 C、环磷酸腺苷、葡萄苷，以及铁、钙、磷、硒等多种营养元素，对美容保健、治疗高血压、预防癌症等都有神奇功效。加上鲜枣肉质嫩脆多汁，口感佳，风味独特，所以在鲜枣上市的秋季可以科学选购，适当食用。

避开糖精枣，先认识糖精枣

　　糖精枣即添加了糖精钠、甜蜜素等添加剂而变红增甜的鲜枣。所用糖精钠是有机化工合成产品，属于食品添加剂。除了在味觉上引起甜的感觉外，糖精钠不参与体内代谢、不产生产热量、可以随尿排出，对人体无任何营养价值。但是糖精钠食用过量，依然容易对人体健康造成危害。它会影响肠胃消化酶的正常分泌，降低小肠的吸收能力，使食欲减退。而且短时间内摄入大量糖精钠还容易造成急性大出血，对肝脏、肾脏等有不利影响。因此 2015 年 5 月 24 日正式实施的我国《食品安全国家标准　食品添加剂使用标准》中规定，糖精钠、甜蜜素两种添加剂的允许添加范围不包含新鲜水果，也就是说属于新鲜水果的鲜枣禁止添加糖精钠、甜蜜素。

四步选出安全鲜枣

1. 看表皮

新鲜的鲜枣比较饱满，果皮上的褶皱较少或没有，而且表皮光亮。

2. 看有无蛀虫

鲜枣的含糖量高，很容易被虫蛀。挑选时观察鲜枣顶端有没有柄，有的话说明没有蛀虫，柄脱落或者有小孔的话，一方面说明鲜枣已经不新鲜了，另一方面说明鲜枣可能被虫蛀了，不宜选购。

3. 看颜色

鲜枣颜色越深，说明成熟度越高，枣越甜。不过要注意其是否是被催熟的。鉴别方法很简单，捏开一个枣，枣肉和枣皮是分开的，从颜色上看枣肉的里层发青，外层是暗粉色，说明枣被不良商贩动过手脚了。同时，也要观察鲜枣的颜色是否边缘不清，红绿混杂，如果是，表明鲜枣自然成熟，如果表皮绿红分明、颜色发暗为铁锈红、暗红色的，一般是糖精浸泡过的。

4. 尝味道

正常成熟的鲜枣味道甘甜、自然。而糖精枣味道极甜，吃完嘴里感觉很腻，回味起来又有些苦，整体口感差。

荔枝喷酸变鲜，购买时要仔细选

荔枝与香蕉、菠萝、龙眼一同号称"南国四大果品"。中医认为，荔枝味甘、酸，入心、脾、肝经，可止呃逆、腹泻，同时有补脑健身、开胃益脾、促进食欲等功效。不过荔枝性热，多食易上火，并可引起"荔枝病"。在荔枝上市的季节，可以适量选购食用。

荔枝喷酸、 泡酸来变新鲜

由于荔枝的保存时间短，所以商贩往往会买来色青的半熟荔枝，甚至是生荔枝，用稀释过的盐酸浸泡，或把稀盐酸喷洒在荔枝表面，达到使未熟的荔枝表皮变得红嫩、新鲜的目的。但是盐酸这类溶液酸性较强，会使手脱皮，嘴起泡，还会烧伤肠胃。因此不要经常接触喷了稀盐酸的荔枝。除此之外，有些不良商贩还会用硫黄熏制荔枝，达到保鲜、上色等目的，但是二氧化硫对眼睛、喉咙会产生强烈刺激，导致人头昏、腹痛、腹泻，严重者甚至还会致癌。所以在挑选荔枝时要睁大眼睛，仔细挑选。

荔枝这样挑选更安全

1. 看外表

从外表看，新鲜荔枝的颜色一般呈现正常色泽，不会很鲜艳，如果色泽极为艳丽，不见一点杂色的荔枝，很可能是不良商贩人为处理过的，这样的荔枝不宜选购。另外，在颜色正常的基础上，如果荔枝外壳的龟裂片平坦、缝合线明显，味道也一般比较甘甜，适合选购。

2. 看顶尖

顶尖偏尖的荔枝一般肉厚核小，顶尖偏圆的荔枝一般核比较大，后者不宜选购。

3. 捏软硬

挑选时可以先在手里轻轻捏一下，好荔枝的手感应该发紧而且有弹性，如果手感发软或感觉荔枝皮下有空洞，那么，该荔枝或许已经坏了。在捏荔枝的时候，还可以顺带摸一下，如果有潮热，甚至烧灼的感觉，说明荔枝很有可能是喷酸、泡酸荔枝，不宜选购。

4. 看头部

如果荔枝头部比较尖，而且表皮上的"钉"密集程度比较高，说明荔枝还不够成熟，反之就是一颗成熟的荔枝。

5. 闻味道

自然成熟的荔枝闻起来有荔枝本身淡淡的香味，而喷酸的荔枝不仅没有香味，闻起来气味有点酸，甚至还有化学制品的味道。

其他18种常见水果，挑选各有技巧

除了以上容易被"动手脚"的水果之外，还有其他常见水果，也各有各的挑选技巧，掌握这些技巧，可以选出质量上乘且安全的水果，为身体补充更多的有益元素。

西瓜，敲瓜皮声音清脆的好

1. 看形状

瓜体整齐匀称、生长正常的西瓜质量好；瓜体畸形、生长不正常的西瓜质量差。

2. 看表皮

瓜皮表面光滑、花纹清晰、纹路明显的是熟瓜；瓜皮表面有绒毛、光泽发暗、纹路不清的是不熟的瓜。

3. 听声音

用一只手托着西瓜，用另一只手的手指轻轻地弹瓜或五指并拢轻轻地拍瓜，如果听到"嘭嘭"的声音，表明西瓜熟得正好；听到"当当"的声音，表明西瓜还不是很熟；听到"噗噗"的声音，表明西瓜过于熟了，也就是我们常说的"娄瓜"。

4. 看两端

西瓜的两端匀称，脐部和瓜柄的部位凹陷较深、四周饱满的是好瓜；脐部和瓜柄部位比较平的瓜口感一般；脐部的圆圈较粗大、瓜柄部位比较尖的瓜不好。

5. 掂重量

同样大小的两个西瓜，熟得好的那个比较轻，有下坠感、很沉的是生瓜。

6. 摸表皮

摸西瓜的表皮，紧实柔滑的是好瓜，表面黏涩的就不要挑选了。

🛒 橙子，果脐越小的口感越好

1. 看重量

相同大小的两个橙子，较重的水分含量高，适合选购。

2. 看大小

橙子不是个头越大越好，个头越大，靠近果梗的地方就越容易失水，吃起来口感欠佳，以中等个头为宜。

3. 看长度

橙子并非越圆越好吃，身形长的橙子更好吃。

4. 看皮孔

用手摸一下橙子的表皮，表皮皮孔较多、手感粗糙的为优质的橙子，相反则为劣质橙子。

5. 捏橙皮

捏一下橙子的皮，皮微软、有弹性的说明皮薄、水分多；皮硬、无弹性的口感不佳。

6. 看肚脐

肚脐较小的橙子质量好，肚脐太大的话橙子会缺少水分。

7. 看颜色

颜色以橙色、橙红色为主，要自然，如果颜色过于艳丽，可以用纸巾擦一下，有掉色，说明是染色橙子，不宜选购。

🛒 榴莲，相邻的尖刺一捏能靠近的成熟度好

1. 捏尖刺

在榴莲上选两根相邻的尖刺，用手捏住尖刺的尖端，稍用力将它们向

内捏拢，如果比较轻松就能让它们彼此"靠近"，说明榴莲较软，成熟度较好；如果手感坚实，无法捏动，说明榴莲比较生。

2. 看外观

体型较大、尖刺较多的榴莲果肉较多。此外，果柄粗壮而新鲜的榴莲营养充足，品质新鲜。

3. 看颜色

成熟度好的榴莲，外壳呈较通透的黄色，如果青色比较多说明不够成熟。

4. 闻气味

气味香浓馥郁的榴莲成熟度高、质量好；有酒精味的榴莲质量差或已经变质。

5. 看开裂度

刚刚开始裂口的榴莲比较新鲜，如果早已裂口，果肉暴露在外时间较长，容易受到污染、变质，不宜选购。

6. 摇一摇

用手轻轻摇晃榴莲，如果感觉里面有轻轻地碰撞感，或稍有声音，说明榴莲果肉已经成熟并脱离果壳，这样的榴莲成熟度好，质量好。

7. 看触感

选购剥好的榴莲肉，可以用手指轻按果肉，如果太硬说明没熟，如果太软说明熟过头了，能按动且不会陷下去的质量最佳。

🛒石榴，　同等大小的质量重的水分多

1. 看品种

市面上最常见石榴分为红色、黄色和绿色三种颜色，一般黄色的最甜。

2. 看石榴皮

石榴皮光滑、有光泽、和里面的肉绷得比较紧的，说明石榴新鲜且饱

满。如果表面有黑斑、褶皱，说明石榴已经不新鲜了，不宜选购。

3. 掂重量

差不多大的石榴，越重的水分越多，质量越好。

🛒 柚子， 以皮薄而味甜的为好

1. 买大不买小

同一品种的柚子，大的比较饱满，味道好。

2. 买重不买轻

同样大小的柚子，较重的水分含量大。

3. 买平不买尖

颈部较长的柚子皮多肉少，购买时应挑选颈短、扁圆形、底部平的柚子。

4. 买黄不买青

淡黄色或橙黄色的柚子比青色的柚子成熟度好。

5. 买硬不买软

用手按一下柚子的表皮，较硬的皮薄肉多，较软的皮厚肉少。

🛒 火龙果， 越 "胖" 的口感越好

1. 看颜色

火龙果表面越红，说明火龙果成熟度越高。即使有绿色的部分，也要鲜亮，如果颜色变得枯黄说明火龙果已经不新鲜了。

2. 掂重量

同样大小的火龙果，购买时要掂一下重量，选择较重的，这样的火龙果汁多、果肉饱满、口感好。

3. 看形状

火龙果以果型胖、短的为好，果型瘦而长的甜度低、水分少、口感差。

4. 看表皮

火龙果表皮越光滑，说明越新鲜，口感越好。

5. 看成熟度

用手轻捏、轻按火龙果，如果过软，说明熟过头了；如果很硬、按不动，说明还没熟。所以挑选软硬适中、有弹性的为好。

6. 看根部

观察火龙果的根部是否有腐烂，有的话不宜选购。

🛒葡萄， 学着挑选酸甜可口的

1. 看颜色

一般成熟度适中的葡萄果穗、果粒颜色较深、较鲜艳。如玫瑰香葡萄以黑紫色的为好。

2. 看表皮

新鲜的葡萄表面会有一层白霜，手一碰就会掉。如果没有白霜，说明葡萄已经不新鲜了。不过绿皮葡萄看不出白霜，不适合用这个挑选方法。

3. 闻气味

品质好的葡萄味甜，有香气；品质差的葡萄无香气，有明显的酸味。

4. 尝味道

好的葡萄汁多且浓；差的葡萄汁少或汁多味淡。选购时可以试吃整串葡萄上最下面的一颗，如果这颗葡萄不甜，一般整穗葡萄都不甜。

5. 看外形

新鲜的葡萄用手轻轻提起时，果粒牢固，落籽较少。如果果粒摇摇欲坠、纷纷脱落，则表明不够新鲜。但是红提本身要比其他品种的葡萄松散很多，不宜使用此法鉴别。

🛒车厘子， 色泽暗红有光泽的为好

1. 看表皮

车厘子表皮有光泽、颜色深红或偏暗红色的比较新鲜、口味甘甜。颜色呈鲜红色口感略酸；光泽暗淡说明车厘子已经不新鲜了。

2. 看硬度

硬的车厘子新鲜且口感脆嫩。

3. 看枝梗

车厘子的枝梗越青绿说明新鲜程度越高。另外，枝梗与果肉的连接处有褶皱、有软的感觉，说明车厘子已经不新鲜了。

🛒草莓， 轻松分辨染色草莓

1. 看大小

草莓以个头大小适中、一致的为好。如果个头很大、有畸形，一般在种植过程中使用了激素，不宜选购。

2. 闻香气

自然成熟的草莓有浓厚的果香，如果草莓没有香气或者有青涩、酸味等其他异味，说明草莓不新鲜或者被染色了，不宜选购。

3. 看草莓上的籽

如果草莓上的籽是白色的，说明草莓是自然成熟的；如果籽是红色的，说明草莓是被染过色的，不宜选购。此外，也可以把草莓泡入水中，如果泡草莓的水呈浅红色，是正常析出，如果变得艳红，则草莓被染过色的可能性非常大。

🛒山竹， 蒂瓣越多越实惠

1. 看果蒂颜色

果蒂颜色越绿说明山竹越新鲜，如果颜色变成褐色或黑色，说明山竹已经变得不新鲜了，不宜选购。

2. 看弹性

购买时用大拇指轻按果壳，如果有弹性，按下去的地方能马上恢复，说明山竹比较新鲜，且成熟度刚好，适宜选购。如果壳太硬按不下去，或者太软按下起不来，则说明山竹质量差，不宜选购。

3. 数底部蒂瓣

一般山竹底部的蒂瓣有 4 ~ 8 片，这个蒂瓣的片数和果肉的片数一样，蒂瓣越多，说明果肉片数越多；果肉的片数越多，果核就越小，有的果核甚至可以直接吃。

4. 掂重量

两个大小相近的山竹，重量较重的水分多、新鲜，适宜选购。

芒果，皮上黑点扩散的不能买

1. 看颜色

未成熟的芒果一般呈青绿色，成熟的芒果一般呈金黄色，根据自己的需求选购不同的芒果即可。此外，红芒成熟后的颜色呈红色。

2. 看外皮

质量上乘的芒果外皮一般完好无损，皮上很干净，即使因为成熟度高稍微带些小黑点，也要以黑点少、小且没有扩散的为好。

3. 看手感

两个大小相近的芒果，拿起来掂一下，手感紧实、有分量的，说明质量上乘。如果感觉果肉松动，则芒果里面可能已经坏掉了。

4. 闻味道

成熟的芒果有独有的果香味，特别是在芒果柄处，如果味道较浅或者有其他异味，说明芒果已经不新鲜，或者用其他不良手法催熟的，不宜选购。

梨，轻松挑出汁多味甜的

梨以颜色适中，表皮有光泽、有麻点、无褶皱，个大适中，软硬适中，果皮无虫眼和损伤，气味芳香的为好。其中不同品种的梨还有不同的挑选重点。

（1）雪花梨。自然生长的雪花梨呈深绿色，果皮粗糙、较硬；套袋的雪花梨果皮细致光滑，绿色会变浅，套袋时间较早的话，颜色呈黄绿色。长在树顶的雪花梨果皮颈部一般有红褐色皮皱，这样的雪花梨相对品质较好。

（2）砀山梨。砀山梨的颜色略青白，形状近方形，皮略厚，水分较多。挑选时以色青白、花脐处凹坑深的为好。

（3）京白梨。京白梨以果皮呈黄白色、果肉呈淡黄色的为好。

（4）鸭梨。鸭梨要选择表面光滑，皮色白嫩，花脐处凹坑较深的。

🛒 木瓜，以果肉微软的为好

1. 看外表

木瓜以表皮黄色、橙黄色、橙红色的为好。还有一种树上熟的木瓜表皮呈绿色，也是熟的，购买时咨询一下品种即可。此外，轻轻按一下木瓜，有点软的一般口感甘甜；很硬的成熟度低，口感稍差，可以买来煲汤。

2. 看瓜肚

瓜肚大的木瓜瓜肉厚，口感好。

3. 看瓜蒂

新鲜木瓜的瓜蒂会流出像牛奶一样的液汁，放了很长时间的木瓜瓜蒂呈黑色。

🛒 甘蔗，霉变甘蔗不能买

1. 看粗细

甘蔗以粗细均匀的为好，过细、过粗的均不建议选购。

2. 看颜色

紫皮甘蔗以皮泽光亮、挂有白霜、颜色偏黑的为好。因为一般颜色越深说明甘蔗越老、味道越甜。

3. 看蔗型

甘蔗以蔗型笔直的为好，如果甘蔗弯来弯，可能有虫口，不宜选购。

4. 看节头

选择节头少而且均匀的甘蔗为好，不仅吃起来方便，而且口感更好。

5. 看整体

如果甘蔗表面色泽不鲜，外观不佳，节与节之间或小节上可见虫蛀痕迹，闻味道有酸霉味或酒糟味，说明甘蔗质量较差或已经霉变，不宜选购。

菠萝，挺实而微软的为成熟度刚好的菠萝

1. 看颜色

成熟度好的菠萝表皮呈淡黄色或亮黄色，两端略带青绿色，上顶的冠芽呈青褐色；生菠萝的外皮色泽铁青或略带褐色。如果菠萝的果实突顶部充实，果皮变黄，果肉变软，呈橙黄色，说明它已达到九成熟。这样的菠萝果汁多，糖分高，香味浓，风味好。如果不是立即食用，最好选果身尚硬，表皮呈浅黄带有绿色光泽，约七八成熟的品种为佳。

2. 看外形

优质菠萝的果实呈圆柱形或两头稍尖的椭圆形，大小均匀适中，果形端正，芽眼数量少。

3. 看硬度

用手轻按菠萝，坚硬而无弹性的是生菠萝；挺实而微软的是成熟度好的菠萝；过陷甚至凹陷的是成熟过度的菠萝；如果有汁液溢出说明菠萝已经变质，不宜选购。

4. 闻味道

成熟度好的菠萝外皮上稍能闻到菠萝的香味；浓香扑鼻的为过熟果，时间放不长，且易腐烂，可以选购，但是尽快食用；无香气的则多半是带生采摘的，所含糖分明显不足，吃起来没味道。

5. 看果肉组织

选购切开的菠萝时，果目浅而小，内部呈淡黄色，果肉厚而果心细小的菠萝为优质品；果目深而多，内部组织空隙较大，果肉薄而果心粗大的是劣质品；果肉脆硬且呈白色的是未成熟的菠萝。

龙眼，手感饱满有弹性的质量好

1. 看表皮

龙眼以表皮无斑点、干净整洁的为好。外表有裂纹的龙眼质量差，长了霉点的龙眼对身体有害，两者均不宜选购。

2. 看颜色

表皮呈土黄色的龙眼质量较好，偏金黄色的龙眼甜度差，不喜欢吃甜的人可以选购。

3. 看硬度

正常的龙眼手感饱满、硬实、有弹性。如果手感很软，说明龙眼已经不新鲜了；如果手感很硬，一般龙眼已经变质了。

4. 看果肉

优质的龙眼果肉呈透明状，水分充足，反之则浑浊而干瘪。

柠檬，尽量买小一点的

1. 看表皮

柠檬以果皮光滑，没有裂痕，没有虫眼的为好。如果表皮有裂口，虫眼等，不宜选购。

2. 看大小

柠檬以个头适中的为好，可以买稍微小一点的，但是不要买过大的。

3. 看颜色

柠檬多呈金黄色，挑选时以颜色均匀，有光泽的为好。

4. 看重量

两个大小相近的柠檬，挑选时掂一下重量，较重的水分充足，适宜选购。

5. 看果蒂

柠檬果蒂呈绿色的比较新鲜。

桑葚， 紫黑色的是完全成熟的

1. 看表面

桑葚以饱满丰盈，有肉感，水润润的为好。如果表面发皱，说明桑葚已经不新鲜了。

2. 看果柄

新鲜的桑葚果柄新嫩，呈绿色，如果果柄发黄、变褐色，说明已经不新鲜了。

3. 看颜色

桑葚以紫黑色的为好，鲜嫩多汁，口感甘甜。还有一种特殊的品种，颜色以火红色的为好，购买时咨询一下销售员即可。

4. 看触感

桑葚以摸起来手感饱满、有弹性的为好。如果轻捏有干枯、萎靡的感觉，说明桑葚已经不新鲜了。

进口水果，来源正规为第一选择标准

近年来，我国市场上的进口水果越来越多，人们对于进口水果的选择也越来越多。很多人不顾昂贵的价格选择进口水果，是因为进口水果外观好、包装好，有不同的品种，比较吸引人。但是在形形色色的进口水果中，并不是所有的进口水果都是真正的"进口"，有一些水果是冒充的。为了选出真正的进口水果，还是要睁大眼睛仔细挑选。

进口水果基本挑选原则

1. 看来源是否正规

凡是经过正规途径进口的水果，都必须先取得出入境检验检疫机构签发的检疫许可证和输出国家或地区出具的植物检疫证书，这些证书一般随货附带。另外，进口水果的外包装箱上需要用中英文注明水果名称、产地、包装厂名称或代码，小标签也会有条形码数字，比如开头是00－13的表示该水果产自美国。只有水果具备这些"证明"，才能表明它是有一定质量保证的进口水果。

2. 看在出入境网站上是否能查询得到

并非所有国家的水果都可以进入中国市场，我国允许进口的水果品种及对应国家都能在国家质量监督检验检疫总局的官网上查询得到，一旦遇到的进口水果并未出现在名单上，那就一定不是进口的。要注意的是，这份名单每年都会有变化，习惯购买进口水果的人要随时留意名单变化，以保障自己买到质量上乘的进口水果。

3. 看水果外观及包装是否合格

进口水果一般果质良好，发现有品相不好的水果则要怀疑是不是进口水果了。另外，要仔细观察水果上加贴的标签，真正的进口水果标签易贴难撕，一般印制的是汉语拼音加英文，如果包装粗糙，标签模糊、易掉，就要进一步验证进口水果的真实性了。

常见进口水果挑选方法

1. 莲雾

（1）看表皮纹理。莲雾以表皮果肉纹理明显的为好。如果表皮平滑，说明果肉不结实，不宜选购。

（2）看颜色。莲雾颜色越红，表示莲雾的成熟度越高，甜度越高，口感越好。

（3）掂重量。大小相近的莲雾，掂一下重量，较重的说明水分较多，果肉嫩脆，适合选购。

（4）看果蒂。用手在莲雾的果蒂上轻轻按压，看硬度，如果太软，说明莲雾已经不新鲜了，不建议选购。

2. 蓝莓

（1）看整体。蓝莓以果实圆润、大小均匀，表皮细滑、不粘手的为好。如果大小不均匀、表皮粗糙，说明蓝莓成熟度较低，不宜选购。

（2）尝味道。可以试吃的蓝莓，以口感酸甜可口，没有果核的为好。如果味道较差，口感酸涩，说明蓝莓未成熟；如果有果核，说明是假蓝莓。

（3）看果实紧实度。用手捏一下蓝莓，果实紧致、有弹性的说明品质较好。如果捏起来很软，且有汁液渗出，说明蓝莓已经熟过头了。如果果肉干瘪、表皮褶皱不够饱满，说明已经不新鲜了。

（4）看颜色。质量上乘的蓝莓呈蓝紫色，表皮有白霜覆盖。如果颜色发红，说明果实没有成熟。如果白霜不明显或者没有白霜，说明蓝莓已经不新鲜了。如果颜色为黑色，一般为假冒蓝莓。

3. 番石榴

（1）看整体。番石榴表皮光滑、颜色较淡，捏一下比较硬的，一般口感较脆；香味相对浓郁，捏一下稍软，有弹性的，一般口感较绵。选购时可以根据自己的喜好进行挑选。

（2）闻气味。味道甜美、浓郁的番石榴成熟度较高，没有明显香味的番石榴成熟度较低。

（3）看颜色。番石榴颜色柔和，呈黄绿色的成熟度较好。如果颜色偏粉色，说明质量上乘。

（4）看表皮。优质的番石榴表皮光滑，没有裂痕、斑点，无虫蛀。

（5）掂重量。大小相近的番石榴，放在手中掂一下重量，较重的水分多，适合选购。

4. 牛油果

（1）看颜色。牛油果颜色呈深绿色或黑色的说明成熟度较好，买回家可以直接食用，甚至要在短时间内吃完。如果不着急吃，可以买颜色中等的，能放置一段时间再食用。

（2）看表皮。牛油果以表皮粗糙不平，没有平整或光滑区域的为好，但是粗糙不平不代表破损、有伤痕，购买时要注意。

（3）看弹性。轻捏牛油果表面，以微软、有弹性的为好。如果捏下去弹不起来，说明牛油果已经过老、不新鲜了。如果太软或者有大坑，要查看牛油果是否已经变质了。

（4）看果柄。牛油果果柄呈黄绿色的比较新鲜。如果变褐色或黑色，说明牛油果已经不新鲜了。

（5）看果肉。切开的牛油果以果肉颜色呈嫩黄绿色、没有黑斑的为好。

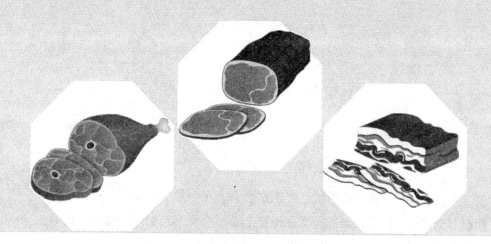

Part 5　选肉有讲究，

过分鲜艳的要格外注意

选安全肉，先辨别注水肉

大家去市场上挑肉的时候，可能都会有一个习惯，就是捏一捏肉。在捏肉时会发现，正常的新鲜肉类在捏过之后不会有多余的水分溢出，而且肉质比较有弹性；而注水肉则会有多余的水分溢出。

所谓注水，是指不法商贩在畜禽屠宰前或屠宰后，通过其颈动脉对畜禽注入一定量的清水、生产污水、盐水，或直接往屠宰后的肉中注水、用水浸泡等，以增加肉品重量的一种方法。这种方法不仅仅是欺骗消费者，而且因为风险不可控，会给身体健康造成威胁。

注水肉的常见风险

1. 造成病原微生物污染

生鲜肉中的脂肪会在肉类表面形成一层保护膜，注水会破坏保护膜的形成，加快细菌的侵入和繁殖。另外，在肉品中注入的水来源不明，如果仅是注入洁净的清水危害还不大，但如果注入的是不符合饮用水标准的井水、河水、生活废水等，水本身就可能含有病原微生物，加上操作过程中缺乏消毒手段，便会造成肉中存在病原微生物的污染，产生大量毒素。

2. 降低肉类品质

外部的水注入肉品中，大量的水会引起肉品细胞膨胀、破裂，导致细胞内的蛋白质等营养物质流失，同时，还会破坏肌纤维组织、胶原蛋白等，肉品会缺乏嚼劲、口感不好。也就是说注水肉既破坏了营养，又降低了肉的风味和品质，但是因为其可以增加重量，所以有些不法商贩为了增加利润，依然在这样做。

3. 非法添加，潜在风险大

在增加重量的同时，不法商贩为了保证肉的外观，还会在水中添加药品、食品添加剂等。比如加入磷酸盐、药品阿托品等来蓄水，加入卤水、血水、工业色素及亚硝酸盐来保色，使得注水肉的颜色明显鲜亮。

三招分辨注水肉

1. 看检疫

合格的肉品是经过国家检疫的，肉品身上会有检疫验讫印章和纸质的动物检疫合格证，这两项齐全的情况下，肉品便是"放心肉"，可以选购。

2. 检查肉品的外观和触感

正常的肉品外观色泽正常，肉质紧密有弹性，切割后无渗出物溢出。另外，正常的肉品触摸时手感有点发黏，手上会有油脂，而注水肉手感比较光滑、油脂较少。

3. 用纸巾试水分

将纸巾贴在刚切开的切面上，没有被注水的肉品一般纸上没有明显浸润或稍有浸润，表面会有很多油脂，而注水的肉品相比之下会有明显浸润。

谨防瘦肉精，避免肉中的非法添加剂

很多人觉得生鲜肉类中很难添加添加剂，但是据市场反馈情况来看，肉类中的非法添加剂问题也不少。了解这些问题，可以帮助大家更好地了解肉类，从而选出放心、安全的肉类和肉制品。

🛒 肉中常见非法添加剂——瘦肉精

"瘦肉精"是一类药品的名字，目前，农业部公布禁止添加的瘦肉精共 16 种，其中盐酸克仑特罗和莱克多巴胺是最为常见的两种。

盐酸克仑特罗是一种人工合成的 β_2 - 兴奋剂，常用来防治哮喘、肺气肿等肺部疾病，当在动物中添加的剂量过高时，可使肌肉合成增加，脂肪沉积减少。莱克多巴胺是一种人工合成的克仑巴安 β 肾上腺受体激动剂，可用于治疗充血性心力衰竭症、肌肉萎缩症，也可以增长肌肉，减少脂肪蓄积。

鉴于此，每年国家都会组织对市场上的食品进行抽检，在肉类抽检中发现有个别含瘦肉精的不合格肉制品都会销毁。人服用瘦肉精超标的肉制品后，盐酸克仑特罗和莱克多巴胺会被血液吸收，当摄入量较大时，对心血管系统和神经系统具有刺激作用，会引起心悸、心慌、恶心、呕吐、肌肉颤抖等临床症状，摄入量过大甚至还会危及生命。正是因为食用含有瘦肉精的肉类会中毒，所以我国禁止使用瘦肉精，但目前市场上不断出现新型的瘦肉精来躲避检测。因此消费者在购买肉类时，一定要选择正规渠道、资质齐全的肉类，减少食品安全隐患。

其他 "不良" 添加剂， 也经常出现在肉品中

所谓"不良"，不一定是不可以添加的食品添加剂，而是不按规定，超量或者超范围添加的食品添加剂。这些食品添加剂给肉类的食用安全造成了隐患。

1. 超量或超范围使用食品添加剂

为片面追求肉类某方面特性，不法养殖户或商贩会在肉类中超量或者超范围使用添加剂，如在肉制品中违法添加合成色素，超量使用亚硝酸盐等防腐剂，以及为掩盖其真实品质在颜色不正常、变质的肉制品中添加香精和着色剂等。这些都会导致肉制品食品添加剂超标，给身体健康造成威胁。

2. 滥用兽药

在禽畜类养殖过程中，有些养殖户会使用过量的兽药，这些兽药容易残留在肉类中，人体摄入后会在体内累积，从而导致人体药物残留超标，对健康产生影响。

3. 被广泛使用的嫩肉粉

嫩肉粉是一种能使肉类变得软嫩滑润的调味品，主要成分是从番木瓜中提取的木瓜蛋白酶。由于嫩肉粉处理速度快且效果明显，一般将鲜肉在嫩肉粉的水中泡 15~30 分钟就可以增加口感，所以被广泛应用于餐饮行业。

嫩肉粉的主要成分是淀粉和木瓜蛋白酶，对人体没有危害。但是，嫩肉粉的制作门槛低，市场上常会出现没有标识、包装简陋的嫩肉粉，这些嫩肉粉里除了淀粉和木瓜蛋白酶，还含有碳酸钠、磷酸盐类、亚硝酸盐、色素、香料等食品添加剂，不仅是能分解蛋白质，提升肉的口感，还能美化肉品，给不法商家给腐肉做"美容"提供方法。因此，即使选用嫩肉粉，也要挑选正规厂家出产的，而且不宜广泛使用。比如鱼肉、鸡肉本身较嫩，无须使用嫩肉粉；牛肉、羊肉、猪肉肉质紧密、纤维粗，可以使用，但是不要常用。

选购猪肉，注意识别不健康的

猪肉是我国食用量最大的肉品，含有丰富的蛋白质及脂肪、碳水化合物、钙、铁、磷等成分。同等重量下，猪肉的维生素 B_1 含量是牛肉的 4 倍多，是羊肉和鸡肉的 5 倍多。

根据肉质不同，猪肉一般分为四个级别：最好的等级是特级，瘦肉与脂肪比例恰好，包括里脊肉、排骨肉；一级为通脊肉，后腿肉；二级为前腿肉，五花肉；三级为血脖肉，奶脯肉，前肘、后肘。

这些肉，千万不能买回家

1. 注水猪肉

据《肉类国家标准》规定，猪肉含水量大于 77% 即可判定为注水猪肉。用纸巾或 A4 纸紧贴在猪肉表面，等纸张全部浸透后取下，然后点火。如果纸张烧尽，证明猪肉没有注水；如果烧不干净，燃烧时还发出"啪啪"声，说明猪肉被注水了。这样的猪肉不宜买回家。

2. 死猪肉

死猪肉是病死或非正常宰杀而死的猪肉，这种猪肉因为带有不可控的因素或病菌，容易引发人畜共患疾病，严重威胁身体健康，所以不能食用。购买猪肉时，如果发现猪肉有出血或充血痕迹，颜色发暗，肥肉呈黄色或红色，肌肉无光泽，用手指用力按压，凹部不能立即恢复的，均不宜选购。严重一些的死猪肉，会有囊包虫，即猪肉中有石榴籽一般大小的水泡状的东西。购买时如果发现这样的情况，可以用刀切下一片肉，仔细看一下，如果有则一定不要买。

3. 瘦肉精猪肉

与肥肉相比，瘦肉含有更多的蛋白质，脂肪和胆固醇更少，所以为了增加瘦肉的含量，有些不法养殖户会在饲料里添加瘦肉精，让猪的肥肉减少，瘦肉增多。但是这种猪肉吃多了容易引发头疼、恶心、呕吐等症状，严重的甚至会导致心律失常、呼吸困难等。因此在挑选猪肉时，发现猪肉肥肉极少，瘦肉多到不正常，最好不要选择。

🛒 挑选上好猪肉有妙招

1. 看购买渠道

一般购买猪肉的渠道有超市和农贸市场。超市的猪肉来源比较正规，可以放心购买，但价格相对较贵。在农贸市场选购猪肉时，要看摊位的营业执照、卫生许可证、检疫证明是否齐全，另外也要观察一下摊主的衣着打扮是否整洁，摊位整体环境是否卫生等。

2. 看表皮

健康的猪肉表皮无任何斑痕；病死猪肉表皮上常带有紫色出血斑点，甚至出现暗红色弥漫性出血，也有的会出现红色或黄色隆起疹块。

3. 闻气味

新鲜猪肉具有鲜猪肉的正常肉腥味；变质猪肉、病猪肉无论在肉的表层还是深层均有血腥味、腐臭味及其他异味。

4. 看弹性

新鲜猪肉质地紧密且富有弹性，用手指按压凹陷后会立即复原；变质猪肉由于自身被分解严重，组织失去原有的弹性而出现不同程度的腐烂，用指头按压后凹陷，不但不能复原，有时手指还可以把肉刺穿。

5. 看脂肪

新鲜猪肉脂肪呈白色或乳白色，有光泽；病死猪肉的脂肪呈红色、黄色或绿色等异常色泽；瘦肉精猪肉脂肪极少。

6. 看肌肉

健康猪的瘦肉一般为红色或淡红色，光泽鲜艳，很少有液体流出；病死猪肉颜色发红、发紫，无光泽，挤压时有暗红色的血汁渗出。

7. 看触感

用手触摸猪肉表面，表面有点干，略湿润且不粘手的为新鲜猪肉；粘手的则为劣质猪肉。

牛肉营养丰富，学会挑选才是前提

牛肉也是常见的畜肉之一，与猪肉相比，牛肉的热量较低，钾、镁等矿物质较高。而且牛肉含有丰富的蛋白质，氨基酸组成比猪肉更接近人体需要，所以常吃牛肉可以有效补充三磷酸腺苷，对增长肌肉、增强力量特别有效。相比猪肉和鸡肉，牛肉的肌肉纤维较粗，刚刚宰杀的牛肉需要在低温下放置一段时间，使肌肉纤维之间的组织分解，肉质才会好吃。

牛肉通常分为四个等级：一级牛肉，宽而厚、肌肉发达、皮下脂肪均匀、肉横断面上脂肪纹明显，质地紧密，弹性大；二级牛肉，宽厚度适中、肌肉发育完整、皮下脂肪较均匀，肉质紧密、弹性较好；三级牛肉，脂肪分布不均匀，肌肉色泽发暗，纹理及致密性、弹性一般；四级牛肉整体状态不好，色泽、弹性各方面都不如前三类。

什么样的牛肉要警惕

1. 注水牛肉、病牛肉

注水牛肉、病牛肉同注水猪肉、病猪肉一样，都会给人体带来不可控的危害，甚至比不良猪肉带给人体的危害更大，引发疾病甚至致癌、致畸等，所以选购时一定要仔细鉴别。

2. 劣质的重组牛排

重组牛排是用"碎肉＋卡拉胶"制成的，也可以叫拼接牛排，是借助肉的重组技术加工而成的调理肉制品。所用的卡拉胶是食品添加剂的一种，具有稳定剂、乳化剂的作用，可以与肉类中的蛋白质形成网状立体结构，减少肉制品加工过程中的水分流失。在规定限量内使用卡拉胶不存在食品安全风险。但是在市场上，有些不法厂家会用劣质碎肉或劣质胶来制作重组牛排。这样的牛排含有细菌或者其他致病元素，具有安全隐患。在选购时一定要买有质量保障的厂家生产的重组牛排。

怎样挑选品质上佳的牛肉

1. 看颜色

新鲜的牛肉肌肉有光泽，呈暗红色，色泽均匀，脂肪呈洁白或淡黄色。变质牛肉、病牛肉的肌肉颜色发暗，无光泽，脂肪呈黄绿色。注水牛肉纤维粗糙，有鲜嫩感，但是观察肉面有水分渗出。

2. 看触感

新鲜的牛肉外表微干或有风干膜，不粘手，富有弹性，指压后凹陷可立即恢复。不新鲜的牛肉外表粘手或极度干燥，新切面发黏，指压后凹陷不能恢复，留有明显压痕。注水牛肉不粘手，湿感重。

3. 闻味道

新鲜牛肉有鲜肉味；不新鲜的牛肉、病牛肉有异味，甚至有臭味，所以选购时要闻一下味道。

4. 看老嫩

老牛肉肉色深红，肉质较粗，适合用来炖汤喝；嫩牛肉肉色浅红，肉质坚而细，富有弹性，适合用来爆炒、煎牛排，可以根据自己所需挑选合适的牛排。

真假羊肉，挑选有方法

羊肉有山羊肉、绵羊肉、野羊肉之分，一般比较常吃的是山羊肉和绵羊肉。从口感上来说，绵羊肉比山羊肉更好吃，因为山羊肉脂肪中含有一种叫 4 – 甲基辛酸的脂肪酸，这种脂肪酸挥发后会产生一种特殊的膻味，降低山羊肉的风味。不过从营养成分上来说，山羊肉的营养并不低于绵羊肉，而且胆固醇含量比绵羊肉低，对预防血管硬化、心脏病有积极意义，尤其适合高脂血症患者和老人食用。因此如果能受得了山羊肉的膻味，平时适当食用也是有益的。

据现代研究表明，羊肉肉质与牛肉相似，但是肉味较浓，肉质细嫩，而且脂肪和胆固醇含量相对牛肉、猪肉来说较少，适当食用可以补肾壮阳、补虚温中，对一般虚证有治疗和补益效果，最适宜冬季食用。不过羊肉性温热，不宜经常食用，暑热天和发热患者更要慎食。另外，因为羊肉价格较贵，所以市场上有不少假羊肉，挑选时要睁大眼睛，才能挑出质量上乘的真羊肉。

🛒 了解最常见的问题羊肉

1. 注水羊肉

注水羊肉同注水猪肉、牛肉一样，都容易造成体内毒素积蓄，引起麻痹、中毒甚至患病、死亡等。

2. 假羊肉

用鸭肉、鸡肉等比较便宜的肉冒充羊肉。为了让这些肉有羊肉味，有些不法厂家、商贩会使用羊肉膏。羊肉膏是一种食品添加剂，即香精，对身体没有多大危害，但是由于潜在危害不明显，所以国家不允许在生鲜肉类中添加香精。同时，添加羊肉膏的假冒羊肉无法保证肉品的质量，容易引起致病菌等微生物超标，对身体健康不利。

学会挑选质量上乘的羊肉

1. 闻味道

新鲜的羊肉有正常的气味，较次的羊肉有一股氨味或酸味。假羊肉容易味道过度。

2. 看触感

新鲜的羊肉有弹性，指压后凹陷立即恢复。劣质羊肉弹性差，指压后的凹陷恢复很慢甚至不能恢复。变质肉无弹性。另外，还要摸黏度，新鲜的羊肉表面微干或微湿润，不粘手。次新鲜羊肉外表干燥或粘手，新切面湿润粘手。变质羊肉严重粘手，外表极干燥。其中有些注水严重的肉也完全不粘手，不过可以见到外表呈水湿样，不结实。

3. 看表皮

看羊肉皮有无红点，无红点是优质羊肉，有红点是劣质羊肉。

4. 看颜色

新鲜的羊肉有光泽，其肌肉红色均匀。质量较次的羊肉，肉色稍暗。新鲜的羊肉脂肪洁白或呈淡黄色，劣质的羊肉脂肪缺乏光泽，变质的羊肉脂肪呈绿色。

5. 看纹理

羊肉的纹理比较多，排成条纹状，脂肪和瘦肉粘在一起，但是加了羊肉膏的假羊肉就不一定了。比如用鸭肉做的假羊肉纹理较少，脂肪跟瘦肉界限分明。

6. 看包装

这一点主要是针对有包装的羊肉卷等半成品羊肉来说的，一般外包装上会有配料表，如果注明含有猪肉、鸭肉等成分，说明是合成肉。

7. 看解冻情况

这一点主要是针对冷冻肉来说的，假羊肉化冻后，红肉和白肉很容易分离，而真羊肉红肉和白肉粘连得很紧密，很难分开。

选购鸡肉，白里透红的比较新鲜

鸡肉是我们日常生活中食用较多的一种白肉，肉质细嫩，滋味鲜美，且富有营养，是滋补养生的好选择。从营养成分上看，鸡肉蛋白质含量约为20%，这20%的含量因为部位、带皮和不带皮而有分布差别，从高到低的排序大致为去皮的鸡肉、胸脯肉、大腿肉。除此之外，鸡肉中还富含维生素、矿物质、胶质蛋白等，对身体较为有益，所以日常饮食中可以适当选购食用。

土鸡 VS 肉鸡， 来源正规才是第一标准

土鸡指我们国内的地方鸡种，有的地方叫草鸡，有的地方叫柴鸡，养殖一般采用散养或半散养的方式。而肉鸡则是采用集中养殖的方式，批量养殖。土鸡一般生长期较长、运动量大，相比肉鸡来说，土鸡肌肉中的肉质结构和营养比例更加合理，脂肪含量更低，所以一直有土鸡比肉鸡更营养、更健康的说法。为此，很多人专门挑选土鸡食用。

不过，虽然土鸡在营养上比肉鸡更合理，但散养或半散养的养殖方式使得土鸡在诸多环境下自由觅食，这些环境不排除污染下的环境，因此土鸡更容易被环境中的重金属、化学试剂污染，而且，个体养殖滥用抗生素的情况比集体养殖更难以监控，所以并不能说土鸡肉就比肉鸡肉绿色、健康多少。

另外，营养元素丰富的乌鸡也是肉鸡的一种，相较于普通鸡来说，乌鸡肉中的不饱和脂肪酸、维生素、矿物质含量更高，而且乌鸡生长周期

长，不是速成品种，鸡肉中的胶原蛋白和弹性蛋白更多一些，不会比土鸡肉营养少。

由此可见，选购新鲜的、来源正规的鸡肉，远比计较土鸡还是肉鸡来得重要。

找对方法， 选出优质鸡肉

1. 挑选活鸡

挑选活鸡的时候，要选择羽毛紧密油润，眼睛有神、眼球充满整个眼窝，鸡冠与肉髯颜色鲜红且挺直，两翅贴紧身体，爪壮有力的鸡；站立不稳、鸡胸和嗉囊感觉臌胀有气体或积食发硬的是病鸡，不要购买。

2. 挑选生鸡肉

挑选生鸡肉的时候，好的鸡肉颜色白里透红，看起来有亮度，手感比较光滑。此外，要特别注意注水鸡，注水鸡会显得特别有弹性，仔细看会发现皮上有红色疹点，针眼的周围呈乌黑色，摸起来表面会有高低不平感。

3. 挑选冻鸡肉

挑选冻鸡肉的时候，最好选择颜色粉嫩、冻得比较结实、表面无大冰晶，解冻后鸡肉无异味、按压后凹陷能较快恢复的。如果有外包装，可以查看外包装上的安全标志、生产日期、保质期、厂家、经销商等信息是否齐全。

4. 挑选熟鸡肉

挑选熟鸡肉的时候，观察鸡的眼睛，健康的鸡眼睛是半睁半闭的，病死的鸡在死的时候眼睛已经完全闭上了。另外，也可以看一下鸡肉内部的颜色，健康的鸡肉是白色的，因为血已经放完了，而病死的鸡死的时候没有放血，肉色是偏红色的。除此之外还可以尝一下味道，健康的鸡肉质鲜美，入口有弹性，病死的鸡口感粗糙，往往有酱料遮不住的异味，比如腥味或臭味。

5. 挑选鸡内脏

虽然鸡内脏血红素含量相对较高，是铁的良好来源，但是内脏部分与有害物质的解毒有关，容易被重金属污染，所以要减少食用鸡胗、鸡肝和鸡肾的次数。相对来说，鸡心的安全性较高，可以适量食用，在挑选时尽量选择颜色鲜嫩的。除此之外，鸡屁股和鸡脖是鸡身上淋巴腺最为集中的地方，在淋巴结部位会残留一些病菌和病毒，为了避免对身体健康造成威胁，最好不要食用。

动物内脏，正确选购适量吃

动物内脏中含有丰富的营养，加上口感也不错，因此深受大家喜爱。比如爆炒腰花、涮牛肚、毛血旺、夫妻肺片等菜品经常出现在餐桌上。相比动物肉来说，动物内脏中含有丰富的维生素 A、B 族维生素、维生素 D，以及铁、硒等矿物质，可以帮助补血补虚、预防夜盲症等，对人体有诸多益处。

不过，动物内脏也并不是百利而无一害的。大部分动物内脏中所含的胆固醇都高于动物肉，尤其是脑类，比如猪脑，它是胆固醇含量最高的内脏，几乎是猪肝的 8 倍，猪心的 10 倍，而猪肝本身所含的胆固醇已经是瘦肉的 3.5 倍，所以少吃脑类内脏比较好。

除了胆固醇的含量问题，之所以有很多人不支持食用禽畜内脏，是因为禽畜在养殖过程中可能会有养殖不规范的问题，导致重金属、兽药、激素以及其他非法添加物质在禽畜体内累积，尤其是肝脏和肾脏，它们是毒素最容易蓄积的部位。相比之下，牛羊等大型动物的生长期更长，内脏积累的污染物更多。所以喜欢吃动物内脏的人即使吃，也要尽量少吃。而且最好学会选购和食用方法，让自己挑的安全，吃的健康。

🛒选购动物内脏有方法

1. 挑选动物心

以颜色鲜艳、没有异味、弹性大、有光泽的为好。

2. 挑选动物肺

以颜色偏红色、表面有光泽、有正常泡沫、肉感柔软而又有弹性、无结节和病变的为好。

3. 挑选动物肝

肝脏的状态可以反应动物的状态，病死动物的肝脏颜色呈现紫红色，摸起来肉质没有弹性。在选购时，以肝脏颜色正常、有光泽，触摸有弹性的为好。

4. 挑选毛肚

在选择毛肚时，不要选择颜色发白而且白得很均匀的，这种很有可能是经过过氧化氢、甲醛泡制的。经过处理的毛肚可以保持表面新鲜和色泽，吃起来更脆，口感更好，但这类非法添加会给人体造成危害。所以在选择时，如果牛肚非常白，超过其应有的白色，且体积肥大，应避免购买。此外，用甲醛泡发的牛肚，很容易被捏碎，加热后迅速萎缩，如果不小心挑到，烹饪后也应避免食用。所以总体来说，毛肚以颜色自然、除了少许腥味没有其他异味、用手拉拽有韧性的为好。

5. 挑选动物肠

动物肠以没有异味、肠体有弹性、颜色自然的为好。比如猪肠以颜色略灰，没有臭味、浓烈的香料味或化学制剂的味道等异味、肠体略粗的为好。鸭肠以颜色呈乳白色、黏液多、异味较轻、具有韧性、不带粪便及污物的为好。

🛒 健康食用很重要

1. 尽快食用

动物内脏保存时间较短，购买之后一定要尽快食用，最好在2～3天内烹调食用。

2. 清洗干净

动物内脏可以分为翻洗法、擦洗法、烫洗法、刮洗法、冲洗法、漂洗法等清洗方法，不同的方法适用于不同的动物内脏。

（1）翻洗法+擦洗法。主要用于洗涤肠、肚等动物内脏。肠、肚一般内层污秽、油腻，采用翻洗法才能洗得比较干净。比如大肠可以采用套肠翻洗法，就是把大肠口大的一头翻转过来，用手撑开，然后在翻转过来的大肠周围灌注清水，肠受水的压力，会渐渐由内而外翻转过来，之后将肠内壁的油脂、污物用力撕下，或用剪刀剪去，并用玉米面反复搓洗，用水冲洗干净即可。之后将大肠再次翻转过来，用盐、矾和少许醋在外壁上反复揉擦，除去外壁上的黏液，冲洗干净即可。

（2）烫洗法。适用于腥膻味及血过重的动物内脏。在初步清洗之后，将动物内脏放入锅中煮或烫一下，以去除腥臭气味。不过操作时原料要与冷水同时下锅，这样可以使原料逐渐受热，保证外层不会因为突然受热而收缩绷紧，影响内部的血水和腥臭味析出。同时，煮烫的时间根据原料的性质及口味也有所不同。比如，肠、肚煮的时间要长些，水沸后可以继续煮5分钟左右；腰子、肝煮的时间短一些，水沸后即可取出，以保持脆嫩。

（3）刮洗法。适用于脚爪、舌头等动物内脏。比如清洗动物脚爪时，可以用刀刮去原料外皮的污秽和硬毛。清洗动物舌头时可以先用开水浸泡舌头，待舌苔发白时捞出，用小刀刮去，再用水洗净即可。

（4）冲洗法。适用于洗动物肺。肺叶的气管和支气管组织复杂，肺泡多，血污不易清除，因此洗肺时可以将肺管套在自来水笼头上，将水灌入肺内，使肺叶扩张，血水流出，直到灌到肺色转白，再弄破肺的外膜，用水冲洗干净即可。

（5）漂洗法。适用于动物脑、脊髓等。这些原料嫩如豆腐，容易损破，清洗时放入清水中，轻轻剔除其外层的血衣和血筋，再用清水漂洗干净即可。

3. 一定要熟透

动物内脏常常被多种病原微生物污染，也是各种寄生虫的主要寄生部位，所以烹调时一定要做熟，保证熟透之后再食用。

4. 控制食用量

由于动物内脏中附着的病菌和寄生虫较多，加上其胆固醇含量高，所以即使喜欢吃动物内脏，也以每星期食用1~2次，每次、每人的食用量不超过50克为宜。

卤肉制品，什么样的才是安全的

卤肉制品是以畜禽肉及其内脏为主要原料，加以调味辅料，经高温烧煮而制成的熟肉制品，一般以冷荤肉的形式销售，是大家非常喜欢的日常小吃。比如鸭脖、鸭肠、鸡脖、鸡翅等，或香味十足，或口感麻辣，给我们的味觉带来极大的满足。不过与此同时，卤肉制品所用的卤水和肉质也成为安全重灾区，在选购时一定要高度注意。

🛒 诱人的卤肉制品，安全问题在这里

1. 非法添加罂粟壳

罂粟壳是一种成瘾物质，属于有毒有害的非食品原料，禁止添加在任何食品当中。不过有些不法商贩或厂家为了食物味道鲜美、使顾客成瘾、增加食品销售量，依然将其添加在食品当中，尤其容易出现在卤肉制品中。

2. 亚硝酸盐

食品添加剂亚硝酸盐用在卤肉制品中有发色、抗氧化和防腐等功效，但是因为亚硝酸盐中毒容易导致恶心、呕吐等一系列健康问题，所以国家对于食品工业生产中添加的亚硝酸盐有严格的限量要求，更禁止餐饮店自行使用亚硝酸盐，以免控制不了剂量危害人体健康。所以在食品小作坊、餐饮店中购买卤肉制品，要有一定的警惕性。

3. 色素

为了让卤肉制品颜色更加鲜亮，不法商贩或厂家会在其中添加色素日

落黄。日落黄虽然是国家允许使用的食品添加剂之一，但是并不允许在卤肉制品中使用，过量添加更是会造成肝肾负担过重，所以在购买卤肉制品时，不要挑选颜色过于鲜艳的。

4. 高盐含量

为了增加卤肉制品的口感，在制作过程中会加入大量的盐分，这导致卤肉制品的钠含量很高，对高血压、心脑血管患者健康不利，所以不建议儿童、老年人大量食用。

5. 菌落超标

卤肉中蛋白质含量丰富，容易滋生细菌，因此建议卤肉制品要当日购买当日食用。第一次没吃完要用保鲜膜包裹放入冰箱，第二次食用时一定要彻底加热，将细菌杀灭，防止食用后出现腹泻、胃痛等症状。此外，如果卤肉制品表面发黏、颜色异常、有异味，则表示已经部分腐败，建议不要食用。

6. 肉品来源

由于卤肉制品后期要添加很多香料、调料进行烹调，所以很容易遮盖肉质原本的味道。有些不法商贩和厂家为了节省成本，便用劣质肉代替。这些肉没有基本的安全保障，食用后很容易造成健康隐患。为此，挑选卤肉制品时一定要从正规的厂家或者超市等地方购买。

只需3步，选出好的卤肉制品

1. 查看色泽和外观

选择色泽正常、并不会太鲜亮的卤肉制品，这样的卤肉制品色素添加相对较少。另外，选择卤汁不是太多的卤肉制品，这样卤肉不容易变质腐败。

2. 查看日期

对散装售卖的卤肉制品，最好选择当日售卖的，当日就吃完。对于有包装的卤肉制品，要选择保质期内的，并且注意包装袋是否有破损。如果包装袋有破损，就不要购买了。此外，也要查看包装袋上的生产日期、保质期、生产厂家、经销商、配料表等信息是否齐全。

　　3. 选择有资质的店铺

　　卤肉制品中非法添加、细菌超标的问题单从外观上无法判断，所以在购买时要选择有资质的店铺，选择较为干净的柜台，最好能选择冷藏柜存放的卤肉制品。

Part 6　挑选健康的禽蛋，

鸡蛋里挑骨头也是理所当然

禽蛋营养丰富，学会慧眼识"蛋"

通常意义上的禽蛋有鸡蛋、鸭蛋、鹅蛋、鸵鸟蛋、鹌鹑蛋等十余种。不过日常饮食中，我们最常食用的禽蛋类是鸡蛋、鸭蛋、鹌鹑蛋、鸽子蛋以及鹅蛋。除此之外其他禽蛋类很少甚至从不涉及。

禽蛋类营养丰富， 常吃对健康有益

禽蛋营养丰富，是我们人体所需蛋白质的优质来源，尤其是蛋黄中的蛋白质含量高于蛋白部分，一个中等大小的鸡蛋约为人体提供 6 克蛋白质，按照蛋白质含量来计算，可以说禽蛋在各种动物蛋白质中算是最为廉价的一种食品。

除此之外，蛋黄中含有大量的卵磷脂、甜菜碱和少量的 DHA 等有益成分，对预防心血管疾病、大脑功能下降等均有好处。而且禽蛋类的蛋黄中含有维生素 A、维生素 D、维生素 E、维生素 K 和 B 族维生素等绝大多数维生素，蛋黄的颜色深浅是由维生素 B_2、叶黄素、玉米黄素、胡萝卜素的含量高低来决定的，这些保健成分有利于降低人体患心脏病和癌症的概率，能延缓眼睛衰老，同时还能降低出生畸形和老年痴呆、心血管疾病的风险，尤其是蛋黄特有的卵磷脂、胆碱对预防慢性疾病有很大的作用。

挑选禽蛋，以不挑"坏蛋"为第一条件

1. 裂纹蛋

裂纹蛋在运输、储存及包装过程中，由于震动、挤压等原因，造成裂缝或裂纹，容易导致细菌入侵，食用后可能引起腹泻等相关症状，影响身体健康。

2. 黏壳蛋

黏壳蛋是禽蛋储存时间过长，蛋黄膜由韧变弱，使蛋黄紧贴于蛋壳。如果局部呈红色还可以吃，一旦蛋膜紧贴于蛋壳不动，贴皮又呈深黑色，且有异味的千万不可再食用。

3. 臭蛋

臭蛋是细菌侵入禽蛋内大量繁殖，引起变质，蛋壳呈乌灰色，甚至会因内部硫化氢气体膨胀而破裂，而蛋内的混合物呈灰绿色或暗黄色，并带有恶臭味的禽蛋。这样的禽蛋不能吃，否则有引起食物中毒的危险。

4. 散黄蛋

散黄蛋是运输过程中剧烈震荡，蛋黄膜破裂，造成机械性散黄；或者因存放过久，被细菌或霉菌经蛋壳气孔侵入蛋体内，破坏了蛋白质结构而造成散黄，蛋液稀薄浑浊。一般散黄不严重，无异味，经过煎煮等高温处理后仍可食用。如果已有细菌在蛋体内生长繁殖，蛋白质已经变性，且伴有臭味，就只能舍弃了。

5. 死胎蛋

在孵化过程中受到细菌或寄生虫污染，加上温度、湿度条件不好等原因，导致胚胎停止发育的蛋称为死胎蛋。这种蛋所含营养已经发生变化，蛋白质被分解而产生多种有毒物质，不能食用。

6. 发霉蛋

发霉蛋遭到雨淋或者受潮，蛋壳表面的保护膜被冲洗掉，致使细菌侵入蛋内而发霉变质，蛋壳上可见黑斑并发霉，也不能食用。

鸡蛋种类虽多，挑选总规则不变

鸡蛋富有营养且容易被人体消化和吸收，因此成为日常饮食中消耗量很大的禽蛋之一。市场上的鸡蛋种类多种多样，要从各种鸡蛋中挑出质量上乘的鸡蛋，需要对鸡蛋和挑选方法进行全面的了解。

了解各式各样的鸡蛋

1. 洋鸡蛋

洋鸡蛋是指养殖场中批量生产的鸡蛋，是最普通的鸡蛋。但洋鸡蛋的安全性高，给鸡喂的饲料也是经过科学配比的，因此产出的鸡蛋质量稳定、营养均衡。

2. 土鸡蛋

土鸡蛋即柴鸡蛋，是源自于散养、自由觅食的土鸡，很多人认为散养的鸡经常运动，常吃谷物、玉米，产出的蛋营养成分更天然，不会残留激素。但是如果存在土壤污染问题，散养的鸡下的鸡蛋中含有二噁英的可能性更高。二噁英是一种致癌物，对人体健康有害，所以土鸡蛋未必都是天然健康的。而且目前市场上的土鸡蛋产出量远远大于农村散养鸡的规模，很多土鸡蛋也是规模养殖生产出来的，相比普通鸡，土鸡只是饲料中有玉米、大豆、钙粉和维生素，而不含添加剂，其他的再无区别。所以土鸡蛋与普通鸡蛋的营养差别并不显著。而且在购买时要选择来源明确、经过质量检验的土鸡蛋。

3. 有机蛋、绿色蛋、无公害蛋

按照国家相关标准，达到养殖条件下产出的鸡蛋分别会标为有机蛋、绿色蛋、无公害蛋。相比较而言，有机蛋的要求高于绿色蛋，绿色蛋高于无公害蛋，这些都是经质量认证的安全农产品，相对安全，营养价值与普通鸡蛋相比差距不大，因此较为注重安全的消费者可以认清鸡蛋外包装上的标识，按需选择。

4. 红皮鸡蛋、白皮鸡蛋

有些人认为红皮鸡蛋是普通鸡所产，白皮鸡蛋是土鸡所产，所以白皮鸡蛋比红皮鸡蛋更有营养。但这种认为并不准确。蛋壳的颜色取决于鸡的品种、产蛋量及产蛋顺序等，单凭鸡蛋壳的颜色并不能确定是土鸡还是普通鸡所生的。而且红皮鸡蛋和白皮鸡蛋所含营养也没有太大差别，所以购买时不必计较鸡蛋皮的颜色。

5. 红心蛋

之所以要购买红心蛋，是因为很多人认为土鸡蛋的蛋黄颜色偏红，甚至有人认为鸡蛋的营养含量与蛋黄颜色有关。其实并不是这样的。近年来由于红心鸡蛋的价钱更高，反而促使很多养殖户在鸡的饲料中非法添加少量红、黄色素，刻意培养红心蛋，导致红心蛋的安全、质量更没有保障。所以消费者在选购时，不必刻意追求红心蛋。

6. 乒乓球鸡蛋

乒乓球鸡蛋是一种煮熟后蛋黄非常结实，摔到地上会像乒乓球一样弹起来的鸡蛋，这与下蛋的鸡有关系。一般蛋鸡都是用豆粕饲养的，有的不良养殖户为了节约成本，会用棉籽粕代替豆粕。但是棉籽粕中含有游离棉酚和环丙烯脂肪酸，会把鸡蛋中的蛋黄脂肪转化为硬脂酸，把鸡蛋黄变成"乒乓球"。这样的鸡蛋杀精，不利于男性生殖健康，购买后如果煮出来的鸡蛋有这种特质，最好扔掉不食。

掌握总方法，挑出好鸡蛋

1. 看外表

刚从鸡蛋窝里收起来不久的鸡蛋，其表面会有一层类似于霜样的粉末状物质，这种鸡蛋是新鲜的、正常的。如果鸡蛋表面光滑，没有霜或表面有发乌现象，说明鸡蛋质量差或不新鲜。

2. 闻味道

拿起一个鸡蛋，在上面哈口热气，用鼻子闻其气味，如果有生石灰味，说明鸡蛋质量较好。如果有其他异味，说明鸡蛋质量较差。

3. 转鸡蛋

挑一个鸡蛋放在比较平整的地方转圈，好的鸡蛋会因为蛋黄等内部因素因重力的作用下沉，转几圈就会停下来；而坏的鸡蛋转的时间会比较长。

4. 摇一摇

拿起鸡蛋在耳边轻轻地摇一下，如果鸡蛋发出的声音是实的，说明鸡蛋质量较好。如果发出的声音像是摇瓶子里的水那种声音，说明鸡蛋里面有空洞，质量稍差。如果鸡蛋发出"啪啪"声，说明鸡蛋已经有破裂现象，不宜选购。

5. 用灯照射

在超市里买鸡蛋的话，可以拿着鸡蛋放在自己眼前对着灯光照一下，如果鸡蛋的透视度较好，而且里面呈微红色，说明其质量比较好。

6. 用盐水泡

如果对买回家的鸡蛋依然不放心，可以放入淡盐水中浸泡一下，沉入水底的是优质鸡蛋，不沉入水底，大头向下，小头向上，半浮半沉的是质量较差的鸡蛋。

鲜鸭蛋、咸鸭蛋和松花蛋，挑选有区别

鸭蛋也是我们日常生活中经常食用的蛋类之一，含有蛋白质、脂肪和钙、磷、铁、钾等营养成分，可以补虚、滋阴等，对身体健康有益。不过因为鸡蛋的存在，人们选择鲜鸭蛋来食用的时候较少，更多的是将鲜鸭蛋制成咸鸭蛋和松花蛋来食用。因此，掌握相应的挑选方法，根据自己所需挑选出质量上乘的鸭蛋即可。

质量上乘的鲜鸭蛋，一般是青皮蛋

1. 看颜色

淡蓝色青皮的鸭蛋基本上都是新鸭子产的，新鸭子年轻力壮，产蛋有力，鸭蛋的含钙量会多一点，外壳也厚一点，不易碰坏；白皮的鸭蛋一般是鸭龄较老的鸭子产的，鸭老体衰，产蛋无力，外壳薄一些，容易碰坏。

2. 听声音

拿起鸭蛋放在耳边摇晃一下，没有声音的是优质鸭蛋，有声音的是质量较差的鸭蛋。

3. 看蛋黄

正宗的红心鸭蛋蛋黄颜色是红中带黄，而且几乎每个鸭蛋的颜色都不一样。不过苏丹红鸭蛋的蛋黄颜色呈鲜红色，非常均匀，不宜选购。

掌握6方法，挑出质优安全的咸鸭蛋

1. 看产地

咸鸭蛋的产地非常重要，生产在水乡的鸭蛋质量较好，其制成的咸鸭蛋也相对较好。所以选购时可以尽量选择江苏、湖南、湖北、浙江等水乡的鸭蛋。此外，山东微山湖的鸭蛋也质量较好，颇负盛名。

2. 看外观

好的咸鸭蛋外壳光滑，没有裂缝，蛋壳略呈青色。质量较差的咸鸭蛋蛋壳颜色很深或者呈灰黑色，不宜选购。

3. 摇晃一下

手拿咸鸭蛋使劲晃一晃，如果感觉蛋里面有晃动或者流动感，说明质量上佳，反之则质量一般。

4. 检查包装

市场上卖的咸鸭蛋为了延长保质期，会采用真空包装，购买时注意包装有没有漏气的地方，一旦漏气咸鸭蛋很容易变质，不宜选购。

5. 闻味道

购买咸鸭蛋时闻一下它的味道，如果有很大的咸味或者刺鼻的腐臭味，说明鸭蛋腌制工艺很差，不宜选购。

6. 看蛋黄

购买时如果允许剥开一个咸鸭蛋看质量，可以看一下蛋黄的颜色。优质的咸鸭蛋蛋黄颜色均匀，用筷子轻轻一挑就会流出黄油。劣质的咸鸭蛋蛋黄颜色深浅不一或者红得过分，极有可能含有非法添加剂，不宜选购。

只需4步，轻松挑出优质松花蛋

1. 看整体

优质的松花蛋整个蛋凝固、不粘壳、干净而有弹性，呈半透明的棕黄色，有松花样纹理，将蛋纵剖，可见蛋黄呈浅褐色或淡黄色，中心较稀。

2. 掂一下

将松花蛋剥壳，放在手掌中轻轻地掂一掂，品质好的松花蛋颤动大，无颤动的松花蛋品质较差。

3. 摇一下

是用手取松花蛋，放在耳朵旁边摇动，品质好的松花蛋无响声，质量差的松花蛋有声音，且声音越大质越差，甚至有可能是坏蛋或臭蛋。

4. 看外壳

剥除松花蛋外附着的泥料，看其外壳，以蛋壳完整，呈灰白色、无黑斑者为上品；如果是裂纹蛋，在加工过程中往往有可能渗入过多的碱，从而影响蛋白的风味，同时细菌也可能从裂缝处侵入，使松花蛋变质。

其他 3 种常见禽蛋，挑选方法全面了解

除了之前所说的鸡蛋、鸭蛋这两种常见蛋类之外，还有鹅蛋、鹌鹑蛋、鸽子蛋等我们日常饮食中常出现的蛋类。了解它们的挑选方法，可以挑出质量上乘的蛋类，满足不同的饮食需求。

鹌鹑蛋，营养丰富细挑选

鹌鹑蛋含有丰富的蛋白质、脑磷脂、卵磷脂、赖氨酸、胱氨酸、维生素 A、维生素 B_1、维生素 B_2，以及铁、磷、钙等营养物质，营养价值不亚于鸡蛋，而胆固醇却比鸡蛋低约三分之一，尤其适合老年人、儿童、孕妇以及虚弱多病者食用。挑选时按照以下方法便能选出质量上乘的鹌鹑蛋。

1. 看外表

新鲜的鹌鹑蛋外壳坚硬，富有光泽，仔细观察可以看到蛋壳上有细小的气孔，没有的话则为陈蛋。

2. 看颜色

新鲜的鹌鹑蛋外壳呈灰白色，带有红褐色或紫褐色的斑纹，色泽鲜艳。

3. 摇一下

拿一个鹌鹑蛋放在耳边，轻轻摇晃一下，没有声音的是新鲜的鹌鹑蛋，有声音的是陈蛋。

鸽子蛋，质量上乘的蛋偏透明

鸽子蛋含有大量优质蛋白质、磷脂、钙、铁、维生素 A、维生素 D 等

营养成分，易于消化吸收，是孕妇、儿童、病人等人群的高级营养品，素有"动物人参"的美誉。选购时可以采用以下方法。

1. 挑地点

购买鸽子蛋，尽量到正规的超市或者有保障的花鸟鱼虫市场去买。

2. 看外壳

由于鸽子蛋相当脆弱，所以挑选时凡是外壳有破损、裂痕的鸽子蛋均不宜选购。

3. 看色泽

好的生鸽蛋在阳光下看稍微有些透明，没有色素斑点，有的话是假鸽子蛋。此外，鸽子蛋煮熟后蛋白是透明的，如果是白色的，也是假的。

鹅蛋，购买的时候这样挑

鹅蛋由于质地粗糙，草腥味较重，口感不及鸡蛋、鸭蛋等其他蛋类，所以食用量较少。不过鹅蛋也富含蛋白质、维生素 A、核黄素、烟酸等多种营养元素，总体来说营养价值也比较高，喜欢的话也可以选购食用。

1. 用手电筒照一下

挑选时可以用手电筒照一下鹅蛋的外壳，如果里面蛋清、蛋黄分得清楚、没有血丝状物体，说明鹅蛋质量上乘。

2. 打开看一下

一般选购时是不允许打开查看的，不过购买回家之后还是可以确定一下鹅蛋是否新鲜。将鹅蛋打开，蛋黄颜色呈饱满的黄色，用手指轻压蛋黄不会破裂的说明鹅蛋比较新鲜。

Part 7 水产以新鲜为好，

但是别忽视了新鲜背后的安全『隐患』

水产品营养高，挑选注意事项要记牢

水产品是海洋和淡水鱼业生产的动植物及其加工产品的统称，包括淡水鱼、海鱼、螃蟹、虾、贝类等，具有丰富的营养，但是因为属于饮食安全隐患的"重灾区"，所以在选购时要格外注意。

细数水产品的营养价值

1. 蛋白质

水产品中的蛋白质含量较鸡蛋、猪肉更高，一般鱼类的蛋白质含量就有15%～20%之多，带鱼、白鲢和黄鱼甚至可以达到18%以上；对虾的蛋白质含量更是高达20.6%。除了含量高，水产品所含蛋白质的质量也更好，富含人体所需的各种氨基酸，可利用率高达85%～90%，易于人体消化、吸收。

2. 脂肪

水产品的脂肪含量低，一般鱼类的脂肪含量在1%～10%，其他水产为1%～3%，平时可以放心食用。而且水产品中的脂肪大多由不饱和脂肪酸组成，尤其在海水鱼的脂肪中，不饱和脂肪酸含量高达70%～80%，可以预防动脉硬化、冠心病，促进大脑发育，抗衰老、改善老年痴呆等。

3. 维生素

水产品是人类摄取维生素 A 和维生素 D 的重要来源之一，其所含的维生素 A 和维生素 D 含量均高于等量的猪肉、牛肉、羊肉中的维生素 A 和维生素 D 的含量，所以平时可以适当常吃水产品。

4. 无机盐

水产品的无机盐含量也比肉类多，主要为钙、镁、磷、钾、铁、锌等，特别富含硒、碘等微量元素。在各类水产品中，虾皮的钙含量最高；贝类的硒含量最高，其次是虾类、蟹类，在贝类中，又以牡蛎、蚶、蛤、红螺的硒含量较高。研究表明，适量摄入硒有益身体健康，但是不能长期过量摄入，尤其是婴幼儿，更不要长期食用高硒水产品。

牢记水产品挑选注意总事项

水产品除了在营养成分上比畜肉更符合人体的要求，在肉质和口感上也有胜出。水产品的肌纤维较细，肌肉组织松软，结缔组织比陆生动物少得多，所以肉质细嫩，更容易被人体消化、吸收，但也因此较畜肉更容易腐败变质，所以选购、食用水产品时必须注意以下几点。

1. 不要挑选皮青肉红的淡水鱼

皮青肉红的淡水鱼肉已经腐败变质，内部的组织胺含量较高，不宜选购、食用。尤其对于海鲜过敏的人来说，选购、食用这种鱼肉极容易引起过敏反应，甚至中毒。

2. 仔细分辨有无染色

为了增加销售量，不法商贩会给已经变暗淡的鱼重新染色后售卖，在购买时如果发现水产品的外观过于鲜艳、颜色均匀，那么就要仔细辨认其是否属于染色水产品了。

3. 不要购买反复冻融的水产品

卖不掉的水产品冻了隔天再卖是很多商贩的做法，但是这样反复冻融的水产品不仅肉质口感有所下降，而且还会产生有毒、有害物质。所以，在购买时要选择售卖量合适的商户，触摸确认水产品的肉质有没有变软、失去弹性。

4. 畸形水产品不可挑选

畸形的水产品有可能是因为饲养过程中添加药物、生长的水质受到污染等造成的。所以不要选择此类的水产品。另外，在选购、食用时如果发现水产品有化学剂的味道，也不宜选购、食用。

淡水鱼，如何选购有妙招

淡水鱼是指生活在河、湖、江中的鱼类，品种众多。我们经常食用的淡水鱼有黑鱼、鲫鱼、鲤鱼、草鱼、鲶鱼、武昌鱼、鳙鱼、鲈鱼、鳜鱼、泥鳅、黄鳝等，口感多样且营养丰富，是我们餐桌上的常见美食。

选购淡水鱼，先了解可能存在的不安全因素

目前市场上的淡水鱼基本都是批量养殖的，鱼贩们为了提高淡水鱼的存活率，增加销量，往往会在养殖过程中非法添加化学物质或药物，比较常见的有以下几种。

1. 孔雀石绿

孔雀石绿是一种人工合成的有机化合物，是常见的工业染料。在淡水鱼的养殖过程中加入孔雀石绿，可以有效杀死鱼体表面的真菌、寄生虫，尤其是对水霉病有特效。但孔雀石绿在动物体内会被转化为无色孔雀石绿，这种物质可在淡水鱼体内长时间残留，会溶解锌，引起水生动物急性锌中毒。更严重的是，孔雀石绿还是一种致癌、致畸药物，可对人类造成潜在的危害。

2. 硝酸呋喃类代谢物

硝酸呋喃也是一种常见的非法添加，它可以治疗细菌性鱼病，但是其残留却会对人类造成潜在的危害，引起溶血性贫血、多发性神经炎、眼部损害和急性肝坏死等疾病，是明令禁止使用在养殖业中的添加物。

3. 甲醛

水产品自身会产生一定的甲醛，但含量一般比较低，不会对人体健康造成危害。不过在淡水鱼销售过程中作为保鲜剂使用的甲醛，却会大量残留在鱼体

内，长期食用这种鱼容易损害人的肝肾功能，严重的甚至可能导致肾衰竭。

4. 其他药物

除了以上所说的3种常见物质外，被检测出的淡水鱼非法添加物质还包括一些激素类药物，如甲基睾丸酮、己烯雌酚，氯霉素、恩诺沙星等，都是不允许使用在淡水鱼养殖中的。

挑选优质淡水鱼，鲜活和冷冻各有各的挑法

1. 挑选活鱼

（1）看活力。生命力强、体质好的淡水鱼一般都在水的下层正常游动，对外界刺激反应敏锐；而体质差的淡水鱼都在水的上层，鱼嘴贴近水面，尾巴呈下垂状游动；如果鱼体侧身漂浮在水面上，说明这条鱼即将死亡，不宜选购。

（2）看表皮。新鲜的淡水鱼表皮有光泽，鳞片完整，紧贴鱼身，鳞层鲜明，鱼身附着着稀薄黏液。不新鲜淡水鱼表皮灰暗无光泽，鳞片松脱，层次模糊不清，有的鱼鳞片变色，表皮有厚黏液。腐败变质的鱼色泽全变，表皮有厚黏液，液体粘手，且有臭味。

（3）看颜色。在孔雀石绿水中饲养过的鱼可能会在鱼鳍的根部及鱼鳃处留下绿颜色，选购时要特别注意看这两个部位的颜色。

2. 挑选冷冻鱼

（1）看鱼体。要选择眼睛光亮透明、眼球突起，鳃盖紧闭，体表少黏液和污物，鱼鳞光亮无缺损，鱼体挺而直，鱼肚充实、不膨胀的淡水鱼。

（2）摸鱼肉。新鲜的鱼一般肉质坚实有弹性，指压后凹陷处可立即恢复。放置时间越长的淡水鱼肉质越软。

（3）看颜色。一般挑选色泽同鲜鱼一样光亮的冷冻鱼，鳃片呈粉红色或红色、颜色正常并非特别鲜艳的。

（4）闻味道。选购时抓起鱼闻一下，如果淡水鱼除了本身的腥味还有煤油味、臭味等异味，则不宜选购。

挑选海鱼，海域深浅也是考虑因素

海鱼肉质鲜美、营养丰富，是我们餐桌上不可缺少的美味佳肴。市面上比较常见的海鱼有带鱼、金枪鱼、大黄花鱼、小黄花鱼、鲅鱼、三文鱼、比目鱼、沙丁鱼和多宝鱼等。根据鱼类生活水域的不同，海鱼又可以分为深海鱼和浅海鱼。一般生活于接近海面上 200 米深度以内的为浅海鱼，生活水域超过 200 米深度的则为深海鱼。生长在越深水域的鱼，一般营养越丰富，选购时可以将此作为挑出优质海鱼的一个因素。

🛒淡水鱼、 浅海鱼与深海鱼相比， 深海鱼营养更丰富

1. 淡水鱼与海鱼

除了常规的营养元素之外，相比淡水鱼，海鱼的肝油和体油中含有独特的高度不饱和脂肪酸——DHA，而且 EPA 和牛磺酸等也比淡水鱼含量要高很多。

（1）DHA。二十二碳六烯酸，俗称脑黄金，是一种对人体非常重要的不饱和脂肪酸，属于 ω－3 不饱和脂肪酸。DHA 是神经系统细胞生长及维持的一种主要成分，也是大脑和视网膜的重要构成成分，在人体大脑皮质中的含量达 20%，在视网膜中所占比例最大，约为 50%，对人的智力和视力，尤其是对胎儿、婴儿的智力和视力发育至关重要。

（2）EPA。二十碳五烯酸，也是人体常用的几种 ω－3 脂肪酸之一。据研究表明，增加 EPA 的摄入量对于防治冠状动脉心脏病、高血压和炎症有效。

（3）牛磺酸。牛磺酸在海鱼中含量丰富，可以促进婴幼儿脑组织和智

力发育，提高神经传导和视觉功能，预防心血管病，改善内分泌，增强人体免疫力等，对人体健康有益。

2. 浅海鱼与深海鱼

随着工业化发展进程的加快，近海水域污染严重，废水中的重金属物质铅、汞等会在食物链的传递中富集在海鱼当中，人食用了被重金属污染的海鱼，这些重金属物质就会在人体内积累下来，影响健康。相比之下，深海鱼生活的水域距离人类生活区较远，重金属污染程度相对较低。且深海的海水温度也比较低，因此深海鱼相较于浅海鱼，生长周期大都比较长。生长周期缓慢，相应的，营养价值就会更高一些。

海鱼品种多样，但挑选有总原则

1. 选择自然养成的深海鱼

海鱼味道好、营养价值高，但其捕捞期短、捕捞成本也较高，所以现在市场上销售的不少海鱼都是人工养殖的。不过有些海鱼因为其特殊的习性，无法实现人工养殖，比如带鱼、鲅鱼、小黄花鱼、大黄花鱼、比目鱼、鲳鱼、沙丁鱼等。因此，在挑选海鱼时可以多选择这几种。

2. 看整体

新鲜的海鱼色泽正常、光亮，按压有弹性，鱼鳃红润有光泽，眼睛透明鲜亮微凹陷，有正常的鱼腥味，没有其他异味，选购时可以按照这些要求仔细观察。

除此之外，为了保证饮食健康，即使选到优质海鱼，食用时也要把内脏和头部处理干净。因为重金属物质一般积累在海鱼的内脏和头部，而且海鱼尺寸越大，积累越多。

优质螃蟹，背部青灰腹部白色

　　螃蟹是很多人喜欢的食物之一，常见的有大闸蟹、青蟹、梭子蟹、帝王蟹等。每年9月下旬，螃蟹上市，很多人都会买回家一饱口福。那么，如何才能挑到优质、新鲜的螃蟹，对身体起到补益作用呢？

🛒螃蟹也有淡水蟹和海蟹之分

螃蟹种类很多，根据生长的水域类型可以分为淡水蟹和海蟹。

1. 淡水蟹

淡水蟹根据生长环境又分为河蟹、江蟹和湖蟹，其中最有名的当属中华绒螯蟹，也就是我们俗称的大闸蟹，以阳澄湖、固城湖、太湖等水域出产的最为著名。

2. 海蟹

　　海蟹常见的品种有梭子蟹、青蟹、帝王蟹等。梭子蟹生活在沿海地区，体型较大、肉质鲜美、有蟹膏，产量很高，价格也比较亲民，是老百姓餐桌上常见的海蟹品种。青蟹主要分布在江浙、两广、福建等地的温暖浅海区域。帝王蟹又名岩蟹，严格来讲，并不属于螃蟹，因为其他螃蟹有8条腿，而帝王蟹只有6条腿，但帝王蟹生长在寒冷的海域中，生长较为缓慢，一些名贵的帝王蟹甚至生长了8～10年，所以帝王蟹的蟹肉口感好、脂肪低、热量少，富含蛋白质和微量元素，同时售价也比较昂贵。我国市场内多为进口的速冻产品，是在帝王蟹捕捞上船后，把帝王蟹速冻至超低温冷藏，来保证帝王蟹的鲜度和口感，便于储藏和长途运输。

无论是淡水蟹还是海蟹都属于富含多种营养元素，而且蛋白质含量高、脂肪含量低的上佳食材。细微差别在于淡水蟹中的维生素 A、维生素 B_2 的含量高于海蟹；而海蟹中钙、镁、碘等矿物质的含量高于淡水蟹，可以说是各有优点，挑选时根据自己的喜好挑选即可。

无论淡水蟹还是海蟹， 挑选方法都有总原则

1. 看大小

淡水蟹并不是越大越好，一般雌蟹 150～200 克、雄蟹 200～250 克是上乘的优质螃蟹的标准。而重在吃蟹肉的海蟹，可以尽量挑选个头偏大的，这样的海蟹表明其生长期长，口感和营养更好。

2. 看蟹壳

蟹壳黑里透青、有光泽的螃蟹一般体厚坚实；蟹壳呈黄色的螃蟹大多比较瘦弱。

3. 看肚脐

螃蟹肚脐凸出来的一般都膏肥脂满；凹进去的大多膘体不足。

4. 看活力

挑选时可以观察螃蟹的活力，活力强、较生猛的螃蟹一般比较新鲜，同时，喷"白泡"的螃蟹也比较新鲜。

5. 捏软硬

用手捏一下螃蟹的腿，如果感觉很软说明这只螃蟹肉质较少，而如果螃蟹腿很坚硬则说明这是一只"健壮"的螃蟹。

6. 看雌雄

农历八九月挑雌蟹，九月过后选雄蟹，因为雌雄螃蟹分别在这两个时期性腺成熟，滋味营养最佳。

螃蟹挑选回家之后并没有万事大吉，还要注意的是螃蟹不宜多吃。因为蟹黄中胆固醇含量特别高，甚至比鸡蛋还高。每 100 克鸡蛋中胆固醇含量一般在 200 毫克以上，而每 100 克蟹黄中胆固醇含量可能高达 400 毫克

以上。所以对于蟹黄含量多的螃蟹一次不可多食。此外，也要避免食用死蟹，最好把鲜活的螃蟹放入少量水中，吐尽泥沙，清洗干净，彻底烹调熟了之后再食用。这样才能保证美味的同时又保证健康。

虾类多样，学会分类选购

虾可以分为海水虾和淡水虾两种，海水虾又叫红虾。无论海水虾还是淡水虾，均含有丰富的蛋白质以及钙、磷、铁等多种矿物质。与其他肉类相比，虾肉纤维细，水分多，没有骨、刺，口感细嫩容易被消化、吸收，所以适合一般人群，尤其适合老年人和儿童食用，不过在食用前要确保自己对虾没有过敏反应。除此之外还要注意的是，在选购时不要不小心挑到变质的虾。因为虾中含有丰富的组氨酸，虾死亡后，体内的组氨酸会被分解成组胺，而且虾死亡时间越长，体内积累的组胺越多，组胺是一种有毒物质，食用后容易导致人体过敏，甚至中毒。

🛒 鲜虾、活虾、冷冻虾，分类选购有方法

1. 鲜虾

鲜虾是比较新鲜的置于冰块上的虾。这种虾虽然没有活虾新鲜，保质期也短，但相对冷冻虾来说捕捞上来的时间更短，肉质比较紧致、鲜美。在挑选时以肉质有弹性、表面没有发黏、虾身完整、头部没有分离或变软、闻起来没有异味的为好。

2. 活虾

能购买活虾最好，无论是代表淡水虾的青虾还是代表海水虾的龙虾，都可以根据以下方法进行挑选。

（1）看活力。无论是青虾还是龙虾，在选购时都要观察其活动情况，反应灵敏、活蹦乱跳的青虾和生猛的龙虾都是健康的虾。此外，优质的活

虾还会有气泡产生。

（2）看颜色。正常的青虾呈青绿色，身体呈半透明，如果色泽偏红色或是有白色斑点、肠线不清晰的则是病虾，建议不要购买。龙虾、小龙虾等身体上有厚重的虾壳，挑选时选择色泽正常的即可。

（3）闻味道。正常的虾闻起来有正常的腥味，一旦闻到有臭味、异味，说明虾已经变质或有其他添加物，不宜选购。

（4）看表皮。鲜活的虾体外表洁净，用手摸有干燥感。当虾体将近变质时，甲壳下一层分泌黏液的颗粒细胞崩解，大量黏液会渗到体表，触摸有滑腻感，所以如果虾壳粘手，说明虾已经变质了，不宜选购。

3. 冷冻虾

冷冻虾的加工工艺有一般冷冻和速冻两种。一般冷冻会使虾肉的部分蛋白质变性，相比之下速冻工艺的营养损失更少一点，口感也更好一点。冷冻虾比起生鲜虾的优点是保存时间长、易于运输，因此有很多海虾都是冷冻销售。只不过在挑选时要选择正规的市场、超市，并以虾体比较完整、虾身有一定的弯曲度、手感饱满有弹性、冰块透明无杂质的为好。

🛒小龙虾，告别流言仔细选

每年五六月份小龙虾大量上市的时候，就有"小龙虾体内重金属超标几百倍""小龙虾生活在污水中，专门吃垃圾""小龙虾寄生虫多，是小虫虾"等看似有理有据的网络流言充斥网络、朋友圈，让不少小龙虾爱好者望而生畏。其实，小龙虾并没有想象中可怕。小龙虾虽然是杂食动物，可是主要食物是水底的有机质，如水草、藻类、水生昆虫、有机碎屑等，而且现在的小龙虾大多是人工养殖的，多以麦麸、豆饼、水生昆虫幼体等为食物，所以说小龙虾专门吃垃圾并不可信。同时，虽然小龙虾可以在受污染的水质中生存，但是污染严重的水质小龙虾依然无法存活。而且即使在这样的水质中生存，小龙虾所摄入的重金属也大部分被转移到了外壳，并随着不断生长和脱壳而移出体外，肉里的重金属未必会超标。除此之外，小龙虾会有寄生虫，但是这不是它的专利，其他水生动物同样也会携带寄生虫，所以小龙虾是"小虫虾"的谣言也不攻自破。鉴于此，完全不必对小龙虾的食用安全太过紧张，只要购买时睁大眼睛，挑出质量上乘的便能吃得更放心。

1. 看季节

小龙虾最好吃的季节是 5～10 月，在此期间可以适当选购小龙虾食用。

2. 看颜色

生长在干净水域的小龙虾，背部红亮干净，腹部绒毛和爪上的毫毛白净整齐。

3. 看大小

尽量选购刚刚长大的小龙虾，太小的没有多少肉，食之无味，太大的虾壳或红得发黑或红中带铁青色，肉质不好。青壮龙虾一般色泽自然健康，用手触摸虾壳有弹性。

4. 看鲜活程度

鲜活的小龙虾活动迅猛，虾钳有力。如果是被洗虾粉洗过的小龙虾，色泽光鲜且干净，而且虾钳很容易脱落。

当然，如果跳过选购这一步，自己在外就餐点了小龙虾，也可以判断小龙虾在下锅之前的鲜活程度。一般小龙虾尾部蜷曲，说明入锅之前是活的；如果尾部是直的，说明入锅之前就已经死了，最好不要继续食用。

选虾米，一定要避开被染过色的

虾米又叫海米，是著名的海味品。据研究表明，虾米中含有丰富的蛋白质、维生素，以及钙、磷、铁等营养元素，而且还含有虾青素，适量食用对身体健康较为有益。不过在市场上，经常出现被胭脂红染过色虾米。胭脂红是一种工业添加剂，属于不允许添加在水产品当中的非法添加物，长期食用被这种物质染色的虾米容易损伤肝肾，因此挑选时一定要避开。

1. 看色泽

好的虾米颜色天然，呈黄色或浅红色，有时会有一些琥珀色，瓣节一节红一节白，色泽发亮，颜色大体一致，适合选购。如果出现两种以上的颜色，说明虾米有坏的；色泽暗且不光洁，一般是在阴雨天晒的；虾米通体红色，看不到什么瓣节，晒干以后头上的膏是用红色包住的，说明是染色虾米，均不宜选购。

2. 看体形

好的虾米体形弯曲，说明是用活虾加工而成的，虾肉有弹性。如果虾米体形笔直或弯曲不大，说明大多是用死虾加工的，不宜选购。而且好的虾米无黏壳、贴皮、空头壳、霉变等现象出现。

3. 尝味道

购买时取一粒虾米放在嘴里嚼一下，咸淡适口，鲜中带些甜味的是上品；盐味重，有明显苦涩感或其他异味的质量较差。

4. 看杂质

好的虾米完整，大小均匀，无碎末，无虾糠，也无其他鱼虾掺杂其中。

虾酱，品质可以分为三个级别

虾酱是日常常用的调味料之一，是用小虾加入盐，经发酵磨成粘稠状后，做成的酱食品。虾酱中含有丰富的蛋白质、钙、铁、硒、维生素A、虾青素等营养元素，可以抗氧化，适量食用对身体健康有益。一般来说，虾酱可以分为以下三个级别，挑选时注意即可。

1. 一级品

一级品的虾酱颜色呈紫红色，酱体黏稠，气味鲜香无腥味，酱质细，无杂鱼，盐度适中。

2. 二级品

二级品的虾酱颜色呈紫红色，酱体软稀，鲜香气味差，无腥味，酱质较粗，有小杂鱼等混入其中，咸味重或发酵不足。

3. 三级品

三级品的虾酱颜色呈暗红色，不鲜艳，酱体软稀、粗糙，杂鱼杂物较多，口味咸。

7 种常见贝类，不同选购方法供参考

贝类体外一般披有 1~2 块贝壳，常见的品种有鲍鱼、扇贝、牡蛎、贻贝、蛤仔、蛤蜊、蛏子等。据研究表明，贝类含有丰富的蛋白质、脂肪、氨基酸等营养元素，可以适当选购食用。不过贝类体内含有较多的水解酶，死亡后会发生自溶，丰富的蛋白质被分解为氨基酸，导致贝类腐败变质。而且贝类如果缺水或有机械损伤也很容易死亡，因此在挑选和保存时要格外注意。

贝类海鲜挑选总原则

1. 挑活不挑死

活的贝类味道鲜美，在挑选时要挑壳可以自然开闭的，开着壳的贝类在外界刺激下不闭壳则表明已经死亡，不宜选购。

2. 查看肉色

一般新鲜的贝类肉色呈白色、半透明状，如果肉色不透明，说明贝类已经不新鲜了，不宜选购。

3. 挑外壳平滑的

相对于外表疙疙瘩瘩的生蚝、扇贝等，蛏子、贻贝等外表干净、平滑，附着脏东西少，相应污染也少，可以适当多选择。如果实在想吃外表疙疙瘩瘩的贝类，清洗时要格外注意。

4. 选购有质量保障的

购买贝类时要在正规经营场所购买，不选择来源不明的贝类，而且选

择冷冻贝类时要查看标签标识，选择生产地和生产商信息齐全的产品。

常见贝类的分类挑选方法

1. 鲍鱼

（1）看外形。好的鲍鱼外形完整，没有缺陷，腰比较圆，背比较厚，底板阔，鲍身瘦长，而且鲍鱼的珠边均匀，无任何缺口和裂痕。

（2）看色泽。好的鲍鱼黑色素会沉淀下来，颜色比较深，如果鲍鱼身上带有白色带状分泌物或其他不同颜色的斑点，说明鲍鱼不健康，不宜选购。

（3）用灯光照。选择鲍鱼时可以对着灯光照一下，如果中间呈通透状态，而且灯光下偏红色，说明鲍鱼质量较好。

（4）看个头。一般来说，鲍鱼的个头越大，说明其质量越好。

2. 扇贝

（1）看个头。扇贝以个头大小适中、均匀的为好，太大、太小的均不宜选购。

（2）看整体。新鲜的贝肉色泽正常且有光泽，无异味，手摸有爽滑感，弹性好；不新鲜贝肉色泽减退或无光泽，有酸味，手感发黏，弹性差。

（3）看触感。用手触摸贝壳、贝肉，如果反应灵敏，说明扇贝是鲜活的，如果贝壳无法合上，贝肉无法缩进壳里，说明扇贝不新鲜或已经死了，不宜选购。

3. 牡蛎

（1）看牡蛎肉。新鲜牡蛎肉与壳连接比较紧密，不容易掉下来，而不法商贩会将人造的牡蛎肉放置于牡蛎壳中，这样的牡蛎肉很容易掉下来。

（2）看整体。优质牡蛎以体大肥实，颜色淡黄，个体均匀，干燥，表面颜色呈褐红的为好。

（3）看煮熟后的颜色。如果对买回家的牡蛎不放心，可以选一个煮熟，新鲜的牡蛎煮熟后肉呈奶白色，不新鲜的牡蛎颜色发黑、发暗，外形干燥枯萎。

4. 贻贝

（1）看外形。贻贝以肥厚完整，体型匀称，体型饱满，无杂质的为好。

（2）看颜色。新鲜的贻贝色泽红亮。

（3）尝味道。新鲜的贻贝味道鲜香，无异味。而且肉质细嫩，不含杂质。

5. 牡蛎

（1）看颜色。新鲜的牡蛎颜色呈浅灰色，如果牡蛎颜色变白，说明已经不够新鲜，不宜选购。

（2）看个头。牡蛎的产季集中在每年 4～10 月，在这段期间，牡蛎会比较大一点，其他时期则不会太大。所以不在盛产期还个头很大的牡蛎可能是添加了磷酸盐类的添加物，提高了牡蛎的保水性，不宜选购。

6. 蛤蜊

（1）看颜色。新鲜蛤蜊外壳是深黑色的，如果购买时发现外壳颜色比较白，有可能是用双氧水泡过的，尽量不要购买。

（2）听声音。新鲜蛤蜊在相互敲击之下会发出清脆的声响，不新鲜的蛤蜊在敲击时声音比较闷钝。

7. 蛏子

（1）看外壳。外壳干净的蛏子质量相对好些，这样的蛏子泥沙少。

（2）看颜色。蛏子的外壳最好选择金黄色的，这种蛏子新鲜又好吃。

（3）看触感。买蛏子的时候最好用手触摸一下蛏子，看它能不能自由伸缩，是否活动，如果灵敏度高，说明蛏子比较新鲜，适宜选购。此外，也要摸一下蛏子肉，肉质饱满的比较新鲜。

（4）闻味道。新鲜的蛏子有海的咸腥味，如果没有说明蛏子已经不新鲜了。

优质海参，颜色呈黑灰色

海参是生活在海洋中的棘皮动物，距今已经有六亿多年的历史，与鱼翅、鲍鱼、鱼唇、裙边、干贝、鱼脆、蛤士蟆齐名，是"水八珍"之一。海参不仅是珍贵的食品，还是珍贵的药材，具有补肝肾、益精髓、壮阳气等功效，可以提高记忆力、延缓性腺衰老、防止动脉硬化、预防糖尿病、抗肿瘤等。平时可以适当选购食用。

🛒挑选海参，先避免糖海参

海参有鲜海参、干海参之分，鲜海参价格高，30 斤鲜海参才能制成 1 斤的干海参价格更高，为了降低成本，有些不法商贩、厂家便把海参或者劣质海参放到糖稀里熬煮，这样既能给海参增重，还能提升海参的卖相。但是海参在熬制过程中不仅营养物质会大量流失，而且还会产生致癌物，影响身体健康。

一般情况下，糖海参颜色黑亮，外观漂亮，由于有糖的润色滋润，刺也比较饱满挺拔。而且糖海参含盐、含糖量都很高，舔起来咸味和甜味的混合味道很重。除此之外，糖海参在温度超过 40°时会变软、变黏，捏一下就能发现，而且糖海参泡发率低，加糖太多的糖海参甚至根本发不起来。如果海参具备这些特征，说明是糖海参，不宜选购，即使不小心买回家了也不宜食用。

除此之外，还有些不法商贩、厂家往海参中添加明矾、胶质或柠檬酸等禁止添加在海参中的物质来增加海参的重量，提高其卖相等，买了这样的海参，均会对身体健康造成潜在威胁，挑选时也要引起警惕。

🛒 4 步， 选到优质海参

1. 看色泽

优质海参呈黑灰色或灰色，颜色正常。如果海参开口处和内部都是黑的，一般是由炭黑或墨汁染黑的，不宜选购。如果颜色黑亮美观，一般加入了大量白糖、胶质甚至是明矾，也不宜选购。

2. 看组织形态

优质海参体形完整、肥满，肉质厚，将尾部开口向外翻就能看到厚度，刺粗壮挺拔，嘴部石灰质露出少，用刀切时切口较整齐；劣质海参参体呈扁状，肉质薄，嘴部石灰质露出多，刺有残缺。

3. 看状态

购买时一定要买干燥的海参，湿润的海参水分含量较大，称重时会吃亏，而且湿润的海参容易变质，不易储存。

4. 看杂质

优质海参体内很干净，基本上无盐结晶，外表也无盐霜，附在海参上的木炭和草木灰无异味；劣质海参体内有盐、水泥或杂物等，闻起来有异味。

鱿鱼＋鱿鱼干，身体越紧实的越新鲜

鱿鱼，又叫枪乌贼，其营养价值非常高，富含蛋白质、钙、磷、维生素 B_1 等多种人体所需的营养物质，脂肪含量极低，对人体健康有益。不过由于鱿鱼中胆固醇含量较高，所以即使营养丰富、味道鲜美也有不宜食用的人群，比如高脂血症、高胆固醇血症、动脉硬化、脾胃虚寒等人群。鱿鱼干是用鱿鱼干制而成的，身骨干燥，营养同样丰富，相较于新鲜鱿鱼来说，鱿鱼干更容易保存。平时选购鱿鱼还是鱿鱼干，按照自己所需挑选即可。

🛒 如何挑选新鲜鱿鱼

1. 看色泽

新鲜的鱿鱼呈粉红色，有光泽，看起来呈半透明状，体表略显白霜；不新鲜的鱿鱼背部有霉红色或黑色，颜色暗淡，不宜选购。

2. 看鱼肉

好的鱿鱼头部和身体比较紧实，摸起来有弹性，而且越紧实的鱿鱼越新鲜；而劣质鱿鱼身体较松垮，没有弹性。

3. 挤压背部

购买时可以用手挤压一下鱿鱼背部的膜，膜不易脱落的鱿鱼是新鲜的，越容易脱落鱿鱼越不新鲜。

4. 闻气味

新鲜的鱿鱼有正常的海鲜味，不新鲜的鱿鱼有异臭味，味道很明显，稍微闻一下就能闻出来。

🛒如何挑选优质鱿鱼干

1. 看整体

优质鱿鱼干在加工和包装过程中会比较小心，不会弄断鱿鱼，所以体形完整无分割，大小差距不大，较为均匀。而且肉质肥厚，摸起来比较有弹性。

2. 看色泽

品质上乘的鱿鱼干表面平整光滑，颜色呈黄白色或粉红色，半透明，光泽较为明显。如果鱿鱼干颜色过白，有可能是用漂白剂漂白过的，常吃对身体有害，不宜选购。

3. 看加工

质量较好的鱿鱼干采用的是传统不加盐的淡干处理，多数是自然风干，不加盐，不添加色素。这在最大程度上保证了它的营养价值和天然口感。而劣质的鱿鱼干一般是熏干的，为了提高它的保鲜度往往会加入盐或者色素，吃起来咸咸的，口感较差一些。所以选购时要找正规渠道，并尽量咨询店家鱿鱼的加工方法。

4. 看白霜

一般优质的鱿鱼干表面会有一层薄薄的白霜，这是海水中的碱经过风化形成的甘露醇，食用对人体不仅没有伤害，还有排毒消肿的功效。如果发现鱿鱼干没有白霜或者白霜过于均匀厚实，则不宜选购。

海蜇皮松脆有韧性，咀嚼会发声的为好

海蜇皮是海蜇的制成品，含蛋白质、脂肪、碳水化合物、钙、磷、铁、核黄素、碘、硫氨酸等营养元素，具有清热解毒、消肿降压、抗癌等功效，适当常吃对人体健康有益。不过这一前提建立在自己能挑出优质海蜇皮的基础上。

🛒优质海蜇皮，挑选有方法

1. 看色泽

较好的海蜇皮呈白色、乳白色或者淡黄色，表面湿润有光泽，无明显红点；稍次一些的海蜇皮呈灰白色或茶褐色，表面光泽度较差；劣质的海蜇皮呈暗灰色或发黑，无光泽。

2. 看形状

好的海蜇皮呈自然圆形，中间无破洞，边缘没有破裂；次一些的海蜇皮形状不完整，有破碎现象；劣质海蜇皮形状不完整，易破裂。

3. 看厚度

好的海蜇皮整张的薄厚都很均匀；次一些的海蜇皮薄厚不均匀；劣质海蜇皮成片状，薄厚不均匀。

4. 看韧性

好的海蜇皮松脆有韧性，咀嚼时会发出响声；次一些的海蜇皮松脆程度差，无韧性；劣质海蜇皮易撕开，无脆性，无韧性。

学会清洗烹调，别让买回的海蜇皮浪费

相较于新鲜海蜇来说，选择海蜇皮来食用的人更多。由于海蜇皮是海蜇捕获后用石灰、明矾浸制，榨干其体内水分，洗净，盐渍之后制成的，所以海蜇皮的清洗至关重要。清洗海蜇皮时，可以将海蜇皮平摊在案板上，切成丝状，泡入50%浓度的盐水中，用手搓洗片刻后捞出，把盐水倒掉，再用50%浓度的盐水浸泡，这样连续2～3次，就能把夹在海蜇皮里的泥沙等杂质全部洗掉。之后把清洗干净的海蜇皮放入尚未沸腾的热水中焯烫，变软后捞出。

处理好的海蜇皮，如果凉拌的话可以适当放醋，以免海蜇"走味"；如果配木耳，可以适当长期食用，有美白、嫩肤、润肠的功效。其他常见吃法可以自己搭配、烹调食用。

Part 8　调味品，

舌尖上的美食全靠安全的它们

调味品分类多，了解它们以免买到假货

日常饮食色香味俱全，除了依靠食材本身，质量上乘的调味料也是重中之重。好的调味料不仅可以增加促进食欲，还能对身体健康起到辅助作用。目前市场上销售的调味品品种很多，并且不断有新型的调味品进入生活之中。

🛒 了解调味品的发展史，与食品添加剂相区别

1. 调味品的发展史

（1）单味调味品。单味调味品从古代就开始研制使用，比如酱油、食醋、酱、腐乳及辣椒、八角等天然香辛料。在现代工业中，会加入食品添加剂、采用的新的工艺进行改良。

（2）高浓度及高效调味品。高浓度及高效调味品是从 20 世纪 70 年代开始研制使用的，比如味精、香料等，随着其发展，越来越多的在食品工业中使用，比如甜蜜素、阿斯巴甜、酵母抽提物、食用香精等。

（3）复合调味品。复合调味品是指使用两种或两种以上的调味品配制，经特殊加工而制成的调味料，如火锅底料、嫩肉粉、烤肉香料、丸子香料、炸鸡配料、椒盐等。

2. 调味品和食品添加剂的区别

虽然复合调味品中含有部分食品添加剂，但是调味品与食品添加剂依然是有区别的。食品添加剂可以在食品加工业中使用，使用剂量有严格的国家标准进行规范，而且厂家必须将所使用的食品添加剂标注在食品包装

袋上，以供消费者参考。我们自己在日常生活中很少直接使用食品添加剂，更多的是使用纯天然的调味品或直接选购已经由正规厂家调配好的调味品使用。

不同的调味品，有不同的风味

调味品因为所含成分不同，所以会呈现出特定的风味，常用的调味品主要呈咸、甜、酸、辣、鲜等味道。

1. 咸味

咸味是部分金属盐离子呈现出的味道，日常使用的食盐的主要成分是氯化钠，在产品标识营养成分表中会标出钠的含量。一般呈咸味的调味品有食盐、酱油、酱类制品。

2. 甜味

甜味主要是来源于各类糖及一些糖浆，通常包括食糖、蜂蜜、饴糖、冰糖等。其实红糖、黄糖、白糖、冰糖都是来源于甘蔗，只是由于精制与脱色的程度不同而成为不同颜色、形态的糖，精制的程度越高颜色越白、纯度越高。

3. 酸味

酸味主要来源于有机酸和无机酸，常见的无机酸是醋酸，而有机酸包括琥珀酸、柠檬酸、苹果酸、乳酸等，其酸味不如无机酸强烈。一般呈酸味的调味品有食醋、番茄酱、柠檬等。

4. 辣味

辣味其实是一种刺激成分，会刺激口腔黏膜产生痛感，引起辣味的成分非常多，如来源于辣椒的辣椒碱，来源于胡椒的辣椒碱、椒脂，来源于生姜的姜油酮、姜辛素，来源于葱蒜的蒜素等，都会呈现辣味。

5. 鲜味

鲜味食物很多，比如虾、蚝等呈现的海鲜味，或者食用菌中呈现的鲜味。一般含有谷氨酸钠的味精，含有谷氨酸钠、核苷酸的鸡精，含有酰胺、氨基酸的虾油、蚝油、鱼露等，均有提鲜的作用。

2 条总原则， 避开劣质、 假调料

由于调味品多种多样，所以市面上有很多假调料、劣质调料。这里的 2 条总原则，可以帮助大家尽量避开劣质、假调味品。

1. 根据市场价格购买

选购调料时，一定要对比市场常规价格。如果有些调料价格明显低于市场价格，则不宜选购。以胡椒粉为例，一般胡椒粉价格偏贵，所以有些不法商贩会在其中掺入辣椒籽、小米面、花生外壳等一起研磨，以此来降低成本、价格，吸引消费者。

2. 购买有包装和标识的正规产品

调味品单凭尝味道、看颜色、闻气味来辨别真假的难度比较高，所以在购买时一定要通过正规渠道，购买有包装、标识的产品，以此降低买到假货的概率。

挑选之前，读懂食用油的标签

食用油是制作食品过程中需要使用的动物、植物油脂。我们通常使用的动物油包括猪油、牛油、羊油、鸡油等畜禽油或鱼油，而植物油的品种非常多，有花生油、火麻油、玉米油、橄榄油、大豆油、棕榈油、葵花子油、芝麻油、亚麻籽油、葡萄籽油、核桃油、牡丹籽油等。在这五花八门的食用油中，无论选择哪种食用油，都要记得每日用量在 25～30 克为宜，不宜过多，否则容易令人发胖，影响心脏健康等。

🛒每天都要吃的油，哪种更健康

食用油的主要营养成分是脂肪，约占 99% 以上，由于脂肪的性能和作用主要取决于脂肪酸，而脂肪酸又可以分为饱和脂肪酸和不饱和脂肪酸，所以在对比食用油的营养价值时离不开分析其中脂肪酸的含量及比例。

在常温下，食用油中饱和脂肪酸的含量越高，越容易呈现固体状态，猪油、牛油、棕榈油就是如此。研究证明，摄入过多的饱和脂肪酸不利于心脑血管健康，所以像猪油、牛油、棕榈油这类食用油不推荐经常食用。

大豆油、花生油、玉米油等植物油中的脂肪酸成分为亚油酸，多属于不饱和脂肪酸。研究表明其有助于降低血液中的胆固醇，预防动脉粥样硬化，所以烹调时适量使用对身体有益。不过还是像之前所说的一样，无论再健康的食用油都不宜过多。

橄榄油、茶油、菜籽油等含有单不饱和脂肪酸的植物油被认为是较为健康的食用油，其中的各种脂肪酸比例均衡，对身体健康有一定的好处。

但菜籽油也分为普通菜籽油和低芥酸菜籽油，相比来说后者单不饱和脂肪酸含量更高，更健康一些。

通过以上对各种食用油的了解之后，平时按照自己的需求选购即可。

🛒查看食用油的外包装，认识各种名词

食用油包装上标识的名词非常多，经常导致选购时无从下手，那么这些标识要怎么查看呢?

1. 单一油和调和油

以葵花油为例。在选购葵花油的时候，有些包装上只标识"葵花油"，而有些包装上标识的却是"花生葵花调和油"。只标识"葵花油"的，其配料表中也只有葵花籽油一项，是单一油，而标识"花生葵花调和油"的，其配料表中可能会包含葵花籽油、菜籽油、花生油等多种食用油，即调和油。单一油所含营养成分比较单一，而调和油是将多种油按照一定的比例调和后的油，相对来说营养成分更丰富。正规的调和油可以中和多种油脂中不同的营养，调整食用油中的脂肪酸比例，但由于检测技术的不完善，调和油的国家标准并不细致，所以在选购调和油时一定要认真研究配料表，选购正规的企业出产的产品。

2. 质量等级

市场上的食用油根据精炼程度可以分为一级、二级、三级、四级4个等级，但并不是说食用油的等级越高、价钱越贵，其营养就越高。等级是根据精炼程度划分的，即一、二级食用油的精炼程度较高，经过了脱胶、脱色、脱酸、脱臭等过程，具有色浅、无味、烟点高、炒菜油烟少、低温不易凝固、有害成分含量低等特点，但是同时营养成分也流失比较严重。三、四级食用油的精炼程度相对较低，只经过了简单的脱胶、脱酸等过程，其色深、烟点低、炒菜油烟大、杂质含量较高，不过保留的营养也比较全面。

总体来说，无论是一级油还是四级油，只要是符合国家卫生标准的食用油都不会对人体健康产生危害，可以放心选购。平时只要注意尽量不要

选购市场上没有等级标准、来源不明的散装油即可。

3. 加工工艺

国家规定，在食用油的标签中要对原料的加工工艺进行标识，明确是"压榨法"还是"浸出法"。压榨法是靠物理方法将油脂从油料中分离出来的一种方法，全过程不涉及任何化学添加剂，天然营养物质保存较好；而浸出法是采用溶剂油将油脂原料经过充分浸泡后，进行高温提取，再经过脱脂、脱胶、脱水、脱色、脱臭、脱酸等工艺对食用油进行加工的一种方法，这种方法出油率高、生产成本低，但过程中可能会产生反式脂肪酸和重金属污染等问题。相比之下，采用压榨法加工的食用油比浸出法加工的食用油更为天然健康。

找准方法， 选对食用油

除了参考以上这些标准之外，选购食用油还可以综合以下 3 条准则。

1. 认真查看标签

每种食用油都含有独特的营养成分，大家在选购时可以根据自己的需要，认真查看标签，分清楚自己选购的哪种类型的食用油、等级如何、采用的加工方法是什么、营养成分又是什么，做到心中有数，而不是单纯地根据价钱、宣传选择。

2. 不同种类搭配食用

不同食用油的脂肪酸比例、营养素含量都有不同，平时选购时不要单一、长期的选择一种食用油，最好一种吃完之后再换另一种，搭配食用更利于健康。

3. 注意食用油的保存日期和保存条件

食用油放置时间过长，其中所含的自由基和氧化物质会增多，所以在选购时要根据家庭的使用量合理选择，人少的情况下不要选择过大的包装。此外，选购食用油时要挑选避光条件下保存的，温度过高、曝光过度都会影响食用油的品质。

选购酱油，分类不同标准统一

酱油是由酱演变而来的，其成分比较复杂，有食盐、糖类、氨基酸、有机酸、色素及香料等成分，它在烹饪时的主要作用是增加和改善菜肴的味道和色泽。一般来说，酱油有不同的分类和等级，在选购时，这些也是可以参考的标准。

🛒 了解酱油的分类和等级， 为选购做参考

1. 生抽与老抽

酱油一般有生抽和老抽两种类型，生抽颜色比较淡，呈红褐色，一般用于调味，味道略咸；老抽颜色呈棕褐色，味道略甜，适用于给食品提色。

2. 佐餐酱油与烹饪酱油

一般酱油外包装的标签上会标注佐餐酱油或烹饪酱油的字样。佐餐酱油表示此类酱油可以用于蘸食、凉拌等，菌落数量低，可以生食；而烹调酱油安全起见还是要经过高温加热后食用，用于烹调菜肴，菌落数相比佐餐酱油较高。由于酱油在生产运输环节可能存在肠道传染病致病菌，烹调酱油和佐餐酱油最好分类食用。

3. 酿造酱油与配制酱油

酿造酱油是指以大豆或脱脂大豆、小麦或麸皮等为原料，经微生物发酵制成的具有特殊色、香、味的液体调味品，质量相对较好。配制酱油是指以酿造酱油为主体，加入了盐酸水解植物蛋白调味液、食品添加剂等配制而成

的液体调味品。市场上的生抽、老抽、饺子酱油、海鲜酱油等都是配制酱油。国家规定配制酱油中酿造酱油的比例不得少于50%，而有些不法厂家为了降低成本，会少用或不用酿造酱油，全部由化学物质配制，这种酱油不但没有营养，反而会对人体健康产生危害，因此挑选时尽量以酿造酱油为主，如果挑选配制酱油，则要选择正规渠道、包装袋上标识完整的。

4. 酱油分四级

由于酱油的鲜味和营养价值取决于氨基酸态氮含量的高低，酱油中的氨基酸态氮越高，酱油的等级就越高。所以根据氨基酸态氮含量将酱油分为特级、一级、二级、三级四个等级。一般来说，特级酱油质量最好，不过其他级别的酱油只要保证符合国家标准，也可以放心选购。

优质酱油，选购有具体方法

1. 看标签

购买时浏览一下酱油的原料表，看其原料是大豆还是脱脂大豆，是小麦还是麸麦，还要看清是酿造还是配制酱油。若是酿造酱油，还要看清是传统工艺酿造的高盐稀态酱油还是低盐固态发酵的速酿酱油。酿造酱油通过其氨基酸态氮的含量可分其等级，氨基酸态氮含量≥0.8克/100毫升为特级，≥0.4克/100毫升为三级，两者之间为一级或二级。

2. 看用途

买酱油的时候一定要注意其用途，若酱油上标注的是供佐餐用，说明其卫生指标好，菌落指数小，可以直接用；若标注说烹调用，千万别用于拌凉菜。

3. 看颜色

正常酱油的颜色是红褐色，颜色稍深一些的品质较好，但颜色太深的话可能是加入了焦糖色，其香气和滋味相较会差一些，仅适合红烧用。

4. 闻气味

购买时可贴着瓶口闻一下酱油的味道，好的酱油往往会有一股浓烈的酱香味，如果闻到煳味、酸臭味、异味等都不宜选购。

5. 摇一摇

购买时可适当摇一下酱油瓶，如果酱油摇起来有很多泡沫，而且不易散去，散去后液体依旧澄清，比较黏稠，说明质量较好；如果酱油摇起来只有少量泡沫，且很快就会散去，说明质量较差。另外，摇晃瓶子时也可以顺便观察酱油沿瓶壁流下的速度，优质酱油黏稠度较大，浓度较高，因此流动稍慢，劣质酱油则相反。

6. 看包装

市场上一般有瓶装和袋装两种包装，大家一般都倾向于买瓶装的，因为方便。如果要买袋装的，要注意市场中存在许多不合格的袋装酱油，是由水、糖色、工业用的原料勾兑成的，这种产品带有刺激性气味，并含有对人体有害的重金属等物质，购买时注意鉴别。

食醋分类多，挑选有宜忌

食醋是常用的调味品之一，种类多样，历史悠久。我国名醋很多，有山西老陈醋、四川麸醋、镇江香醋、江浙玫瑰米醋、丹东白醋、凤梨醋和香蕉醋等。不同的醋有不同的制作方法和流程，也有一定的差别。面对各种各样食醋，在全面了解其分类的基础上，便能轻松掌握选购方法。

食醋种类多，全面了解是基础

1. 根据制作工艺分类

根据制作工艺的不同，可以将食醋分为酿造食醋和配制食醋。酿造食醋是将粮食、水果等原料通过醋酸酵母菌发酵制成的成品醋，含醋酸、乳酸、柠檬酸、氨基酸、矿物质及维生素等多种营养成分。配制食醋是指以酿造食醋为主体，添加冰乙酸、食品添加剂等混合配制而成的调味食醋，其中的酿造食醋含量不得小于50%。还有一类食醋，称为人工合成醋，是指使用冰醋酸和水为原料加工稀释制造而成的食醋，此类合成醋口味差、营养成分差，几乎已经在市场上绝迹了。

2. 根据原材料分类

根据原材料的不同，又常被分为粮食醋、水果醋、糖醋、酒醋，粮食醋即日常食用的烹饪醋，是使用糯米、小麦、高粱、玉米、麸皮等酿造而成的，含有氨基酸、乳酸、矿物质等营养物质。水果醋常用来提味，或者作为饮品饮用，同样含有丰富的氨基酸、有机酸等营养物质。

目前食醋并没有标准的质量分级，一般来说粮谷醋酿造的时间越久，价格和档次也相应越高。在食醋的外包装上会显示总酸含量，一般含量值越高，酸味越浓，质量越好。

🛒 5 步，选出优质食醋

1. 看颜色

食醋有红色和白色（透明）两种，优质红醋为琥珀色或红棕色，优质白醋无色透明，两种醋都无沉淀物、悬浮物、霉花浮膜。假醋多用工业酸兑水而成，颜色浅淡，发乌。

2. 闻气味

优质食醋闻起来有酸味，香味浓郁，无其他异味。假醋开瓶闻时酸气冲眼睛，无香气。

3. 尝味道

优质食醋酸度虽高但无刺激感，酸味柔和，稍有甜味，不涩，无其他异味。假醋口味单薄，除酸味外，有明显苦涩味。

4. 摇醋瓶

一般酿制食醋时，其原料在发酵过程中产生丰富的氨基酸和蛋白质，摇晃醋瓶时会有丰富的泡沫，且持久不消。配制食醋或劣质食醋虽然也有泡沫出现，但比较短暂。

5. 看包装

食醋产品的标签应标明产品类别，尽量选择酿造醋食用。而且包装上一般会有醋酸含量，醋酸含量是食醋的一种特征性指标，一般优质食醋的总酸含量在 5% ~ 8% 之间，含量越高越优质。

食盐，坚决避开工业盐

食盐有"百味之王"的美誉，主要成分是氯化钠，在烹调中可以起到提味、防腐的作用。目前市场上，盐的种类五花八门，有碘盐、低钠盐、补铁盐、海盐、竹盐等。在挑选时，按需购买即可。

🛒 盐的种类多种多样，警惕工业盐

1. 碘盐

碘元素是维持人体健康的一种微量元素，碘缺乏会导致甲状腺肿大、影响儿童智力等。因此我国从 20 世纪 90 年代开始，在食盐中普遍加入经联合国世界卫生组织推荐的碘酸钾，制成碘盐，广泛用于饮食当中。

2. 低钠盐

每日膳食推荐摄入食盐为 6 克，但目前居民摄入盐分普遍超标。低钠盐是在普通食盐中减少钠离子的含量，加入钾离子、镁离子来改善离子浓度，对缓解盐分超标、保护身体健康有一定的益处。不过慢性肾功能衰竭和急性肾功能衰竭患者食用低钠盐后容易造成高钾血症，所以此类患者不宜选购、食用低钠盐。

3. 营养强化型食盐

市面上的加铁盐、加钙盐等营养强化型食盐，相较于普通食盐来说一般价格较贵，不过为了补充营养，仍然有不少人选购食用。只是需要注意的是，如果日常饮食中营养均衡，并不需要额外购买营养强化型食盐。如果购买要注意包装袋上的保质期，确定在保质期内选购、食用完毕。

4. 海盐、岩盐、井盐

海盐、岩盐、井盐都是粗加工未精制的食盐，一般颗粒较大。井盐、岩盐是矿盐，天然矿物质成分较多、杂质较少，工艺相对简单；海盐本身所含杂质较多，制作工艺复杂、成本较高。相比于精制盐，这些盐含有天然矿物质成分，所以也会因为矿物质而呈现出不同的颜色。只是这些盐容易出现重金属污染，选购时要仔细挑选，以免买到不合格产品。

5. 竹盐

竹盐是把盐装在竹筒中，用天然黄土封上后烘烤，最后得到的固体粉末。它只是一个盐的分类和制作工艺，并不会有抗氧化、消炎、减肥等多重功效，所以选购时不宜听信广告宣传，按需选购即可。

以上5种只是盐的分类，可以从正规渠道正常选购，但是要警惕工业盐。所谓工业盐，是有些为了利益的不法商贩、厂家制作出来的氯化钠含量低，重金属、硫酸根、氯化镁、氯化钙等杂质离子严重超标的盐。这种盐的口感与食盐没有太大差别，短期食用也不会出现什么危害，常常不易被发觉。但是，工业盐中所含的铅、砷、汞、镉等重金属以及亚硝酸盐等杂质长期摄入会导致体内重金属蓄积，甚至会引起多器官功能障碍、肝肾功能受损及致癌、致畸等严重危害人体健康的风险。所以在选购食盐时一定要合理选择所需类型，避免购买私盐，不要使用来源不明、价格便宜的盐，以免危害健康。

🛒 选出优质食盐很简单

1. 看渠道

选购食盐要去正规商场、超市等，尽量不要在流动商贩等手中买盐。

2. 看包装

真食盐的包装上，防伪标识是机打的，且图案清晰、不容易被擦掉。包装两侧没有折痕，看起来很平滑。封口线锯齿波浪很小，且是自动热包装的，切口处有软化不平的痕迹。同时包装袋上的产品名称、商标、配料表、生产日期、保质期、生产厂家等一应相关信息齐全。

3. 看颜色

颜色洁白，结晶呈透明或半透明状态的盐属于质量上乘的盐，如果盐发黄、发暗，尽量不宜选购。

4. 看结晶

结晶整齐一致，坚硬光滑，不结块，无反卤吸潮现象，无杂质的盐质量较好。

5. 尝味道

条件允许时，尝一下是否是纯正的咸味，如果有苦味、涩味，说明食盐质量较差，不宜选购。

6. 闻味道

抓一些盐，放在手中搓动，闻一下它的气味，优质的食盐不会有气味，劣质的食盐可能会有"臭脚丫"等异味。

真假香油，辨别有方

香油，也被称为芝麻油、麻油，是从芝麻中提炼出来的一种调味品。据研究显示，香油不仅香味浓郁，而且还含有不饱和脂肪酸、氨基酸、维生素 E、卵磷脂等营养元素，日常饮食中适当摄入可以帮助人体均衡营养，促进身体健康。不过市面上经常出现假香油，购买的时候要注意鉴别。

🛒香油的制假方法

1. 掺假

所谓掺假，是在制作香油的过程中，往芝麻油中掺杂其他植物油或废弃残油，以此来降低成本的一种方法。但是国家规定，芝麻油中不得混入其他食用油或非食用油，如果添加其他油类属于不合格产品，不宜出售。

2. 工艺造假

在香油中，小磨香油相对品质较高，有些现场加工摊点以压榨法代替水代法生产小磨香油，水代法的工艺要求无法在现场制作完成，生产的香油并不是小磨香油，达不到其相应要求，不宜选购。

3. 勾兑

所谓勾兑，是以菜籽油、色拉油等食用油勾兑食用香精制成香油的一种方法，食用香精添加一点点就会增强香味，但是并不会真正具备香油的营养价值，常吃对身体无益。

如何选到真的香油

1. 看价格

小磨香油的市场价格相对偏贵，购买到明显低于市场价格的香油可能会存在掺假的可能，要引起警惕。

2. 看标签

查看香油瓶外包装标签，如果配料表中有其他食用油则不是真正的香油。

3. 看颜色

香油的颜色呈红棕色，比较透明，如果掺杂了菜籽油颜色会比较暗黄，如果掺杂了花生油颜色会发白，如果掺杂了豆油则容易出现泡沫。

除此之外，如果对购买回家的香油还不放心，可以放入冰箱中冷藏，一般勾兑的香油容易凝固，而真正的香油不会出现凝固现象。

味精是调味料的一种，是以粮食为原料，经发酵提纯的谷氨酸钠，对人体没有直接的营养价值，主要作用是增加食品的鲜味，引起人们的食欲，有助于提高人体对食物的消化率。选购时，一定要注意避开假味精。

远离海粒素做的假味精

目前市场上的假冒味精，多是使用海粒素假冒。海粒素是一种工业盐，主要用于制造海水，在养殖业中广泛使用。由于其外形和味精很像，又价格低廉，所以被不法厂家用来掺在味精中，假冒成正常味精出售，这样可以降低成本，牟取暴利。不过海粒素并不允许添加在味精等食品当中，容易给身体健康造成潜在威胁，所以要学会鉴别方法，远离假味精。

学会挑选优质味精

1. 选场所

购买味精一定要到正规的商场或超市，因为这些经销企业对经销的产品一般都有进货把关，其产品质量和售后服务有保证。另外，尽量选购不易掺假的结晶形态的纯味精（99%味精）和特鲜（强力）味精，切勿贪图便宜，购买到含量不达标的产品。

2. 看形态

品质好的味精结晶体呈细长的八面棱柱形晶体，颗粒比较均匀、洁白、有光泽，基本透明，无杂质，无结块，无其他结晶形态的颗粒，流动性好。

3. 看外观

真的味精有固定的结晶形态，为八面棱柱形结晶。如果在结晶中发现其他形态的颗粒，如粉末或颗粒，则说明有掺假现象。

4. 尝味道

商家允许的情况下，可以取少量味精放在舌尖上，感觉冰凉且味道鲜美，有点腥味的为合格品。若尝后有苦咸味而无鱼腥味，说明掺入了食盐；若尝后有冷滑、黏糊之感，并难于溶化，有白色的大小不等的片状结晶，说明掺进了石膏或木薯淀粉；若口尝是甜味，则掺加物是白糖。

不同种类的糖，挑选方法也有区别

糖类即碳水化合物，可以为人体提供热能，在新陈代谢方面也发挥着重要作用。日常接触到作为调味品的糖有白糖、红糖、冰糖等，在食品工业中使用的糖就更多了，有果糖、乳糖、木糖醇及各种复合糖类。不过无论是哪种类型的糖，都要控制摄入量，以免引起升糖反应、增加热量、导致龋齿等问题，影响身体健康。这一节，以日常烹调中常用的白糖、红糖和冰糖的选购为主。

白糖的挑选方法

白糖有白砂糖和绵白糖之分，挑选方法也有细微差别。

1. 看颜色

优质白砂糖色泽洁白明亮，有光泽；次质白砂糖白中略带浅黄色；劣质白砂糖颜色发黄，暗淡无光泽。精制绵白糖色泽洁白，质量较好；土法制的绵白糖色泽微黄稍暗，质量较差。

2. 看组织状态

颗粒大如砂粒，晶粒均匀整齐，晶面明显，无碎末，糖质坚硬的是好的白砂糖；颗粒细小而均匀，质地绵软、潮润的是好的绵白糖。晶粒大小不均匀，有破碎及粉末，潮湿，松散性差，粘手的是劣质白砂糖。有吸潮结块或溶化现象，有杂质，糖水溶液可见有沉淀是劣质绵白糖。

3. 看触感

用手摸白糖时，若白糖不粘手，说明糖内水分少，不易变质，容易保存。

4. 闻气味

购买散装白糖时，可捏一些白糖闻一下气味。优质白糖具有白糖的正常气味；次质白糖有轻微的糖蜜味；劣质白糖有酸味、酒味或其他异味。

5. 尝味道

购买时也可在商家允许的情况下品尝白糖的味道。优质白糖具有纯正的甜味；次质白糖滋味基本正常；劣质白糖滋味不纯正或有其他异味。

6. 看包装

若是购买袋装的白糖，一定要观察包装上的各种标识是否规范、齐全，还要注意生产日期，搁置一年以上的最好不选。

红糖的挑选方法

1. 看颜色

红糖呈棕红色或黄褐色，颜色越深的红糖质量越差，因为这种红糖的生产是经三次熬糖、两次提取糖分后剩下的糖，里边的色素、杂质、焦糖较多，颜色看起来比较深。这样的红糖不经过洗糖工序，所以糖的质量差。

2. 看形状

一般优质红糖呈晶粒状或粉末状，干燥而松散，不结块，不成团，无杂质。如果红糖结块或受潮溶化，说明质量比较一般；如果红糖里有杂质或其他不明物质，表明红糖质量较差。

3. 闻气味

优质的红糖具有甘蔗汁的清香味；一般的红糖气味比较淡；劣质红糖有酒味、酸味或其他不正常的气味。

4. 尝味道

购买时可在商家允许时取少许红糖放在口中用舌头品尝。口味浓甜带鲜，微有糖蜜味的红糖品质较好；滋味比较正常，没有特殊蜜味的红糖质量一般；有焦苦味或其他异味的红糖质量较差。不过暴露比较久的散装红糖不宜选购，容易有灰尘、细菌等，常吃对身体无益。

5. 看包装

在购买袋装红糖时，要注意检查包装上的各种标识，如生产许可证编号、生产产地、生产日期等是否符合标准。此外还有等级标志，即红糖是合格品、一等品还是特级品。

6. 看需求

购买时可以根据自己的需求来选择。产妇红糖是针对产后恢复用的红糖；姜汁红糖是月经期的女性服用的红糖；阿胶红糖是滋养女性的红糖等。

冰糖的挑选方法

1. 看色泽

质量较好的冰糖透明无杂质，呈淡淡的黄色。如果是特别白、特别透明的，一般表示该冰糖加工工艺太多，质量较差。

2. 看形状

好的冰糖块形完整，大小均匀，结晶组织严密，无破碎。

复杂的辣味，挑选方法并不复杂

辣味为许多人所爱，甚至在一些地区无辣不欢，更是湘菜、川菜中常见的调味。辣味的调味品也是多种多样，比如干辣椒、辣椒面、花椒、胡椒、芥末等，每一种带来的口感都不尽相同，是很复杂的一个过程。比如辣椒面、胡椒、花椒等属于热辣物质，可以在口腔中引起烧灼的感觉；芥末属于刺激性辣味物质，不仅能够刺激舌和口腔黏膜，其中的挥发性物质还能激鼻腔和眼睛等，具有催泪作用。挑选时，按照自己所需分类选购即可。

🛒 干辣椒与辣椒面， 挑选方法略有差别

1. 干辣椒

（1）看颜色。质量好的干辣椒呈艳红色，略带紫色，颜色有些发暗。硫黄熏过的干辣椒色泽亮丽，无斑点，用手摸时手会变黄，不宜选购。

（2）看外形。好的干辣椒外形完整，没有霉变、虫蛀及杂质。质量差的干辣椒有断裂、发霉或者虫蛀现象。

（3）闻气味。购买时抓一把干辣椒闻一下它的气味。辣味强烈，有刺鼻的干香气味的是好辣椒。太呛鼻或闻起来有化学味道的是劣质干辣椒。

（4）掂分量。挑选时用手掂一下辣椒的分量，同体积的优质干辣椒分量很轻。劣质干辣椒则重一些，而且掺杂着黑色的干辣椒籽及树梗。

（5）捏一下。购买时抓一小把干辣椒捏一下。优质干辣椒用手抓时，有刺手的干爽之感，用手拨弄时会有"沙沙"的响声，轻轻一捏就会破

碎。劣质干辣椒用力捏也捏不碎。

（6）尝味道。如果商家允许，可拿一根干辣椒尝一下，若辣的味道很快涌上来且保持时间较长，说明是优质干辣椒。而劣质干辣椒的味道比起好的干辣椒味道要差很多。

2. 辣椒面

（1）看整体。正常的辣椒面干燥、松散，粉末为油性，颜色自然，呈红色或红黄色，不含杂质，无结块，无染手的红色，有强烈的刺鼻刺眼的辣味。而经过染色的辣椒面，颜色会非常鲜艳，红得不自然，但辛辣味却不强烈。

（2）看颜色。正常辣椒面的红色是一种植物性的色素，存放久了颜色会慢慢暗淡下来。但是被染过色的辣椒面，即使曝晒仍然颜色鲜红。

（3）尝味道。取一点辣椒面放入口中轻咬，好的辣椒面有香辣味、无杂质，适合选购。不好的辣椒面有牙碜的感觉，说明掺杂了红砖屑等其他物质。如果尝起来有豆香味、略带甜味，可能是掺入了豆粉，均不宜选购。

（4）看包装。如果购买带包装的辣椒面，要选择包装袋上生产日期、生产商、保质期等信息齐全的。

🛒 花椒，香气浓郁干燥的为好

1. 看外表

挑选时注意花椒表面疙瘩越多，说明花椒越香越麻。这是因为癞皮花椒芳香油较表面光滑的花椒更多，麻味和香味就会更浓烈。如果只想要炒菜时有一点花椒的香味，可以选择表面光滑些的花椒。

2. 看颜色

挑选时最好买看起来是自然哑光状态的花椒，太油亮、太红的质量均不太好。如果青花椒颜色发黑，说明没保存好。

3. 闻气味

购买时，抓起一小把花椒在手心握住片刻，然后闻一下手背，如果在手背上都能闻到花椒的香气，说明是质量很好的花椒。如果闻不到气味，甚至闻到发霉味或其他异味，说明花椒已经坏了，不宜购买。

4. 捏一下

购买时要挑选干燥的花椒，可以用手去捏一下花椒，如果捏起来发出"沙沙"的响声，说明花椒干燥程度很好。如果捏起来没有声音，并且感觉手心潮湿，说明花椒水分大，不易保存。另外，将捏完后的花椒放回去后，观察手掌，泥灰杂质多的话说明花椒有掺假。

5. 尝味道

挑选时可以随便取一粒花椒，用牙齿轻轻咬开，再用舌尖去感触，然后轻咬几下吐出，如果麻味纯正，说明花椒质量上乘。如果带苦味、涩味等异常味道，说明花椒比较劣质。要提醒大家的是，尝花椒时切忌抓起几颗，甚至一小把放入嘴里嚼，那只会让舌头变得更加麻木，始终尝不出究竟。

🛒 黑胡椒与白胡椒，各有各的挑选方法

胡椒分为黑胡椒和白胡椒，黑胡椒是将即将成熟的浆果采摘干燥制成的，外壳为黑色，香气更浓郁，而白胡椒是等成熟之后再采摘去壳干燥，相比黑胡椒味道更辣、更冲。在选购时，按需选择即可。

1. 黑胡椒

选购黑胡椒时，要选择黑褐色、大小均匀、颗粒饱满有光泽、闻味道时辣味强烈、用手捻一下能轻易捻碎却不会让手指染色的。如果手指被染色，说明是被染色的黑胡椒，不宜选购。

2. 白胡椒

选购白胡椒时，要选择颜色呈黄灰色或者浅黄色的，颜色越深越不好。同时，要选择胡椒大小较为均匀、没有杂质、闻味道有强烈辛辣味的。

芥末，挑选方法很简单

通常所说的芥末其实包含了山葵、辣根和黄芥末这三种物质，因为这三类在味道、气味上十分相像，常常被混淆。黄芥末起源于我国，是由芥菜的种子研磨而成，是真正的芥末；而辣根起源于欧洲，其本色也是黄色的，但在基本都会添加色素后制成绿色，也被称为绿芥末，辛辣气味强于黄芥末，且有一种独特的香气。山葵是日本最具有代表性的调料之一，纯正日本料理中所使用的绿芥末就是用山葵的根和茎磨制而成的，但山葵根价格昂贵、风味物质很容易挥发，所以大部分日本料理店会用辣根来代替。

一般来说，黄芥末的辣味比以辣根、山葵为代表的绿芥末口感更柔和，挑选黄芥末时可以将此作为挑选依据。而且散装黄芥末多是粉末状，需要回家自己加水调和。选购时挑选颜色正常、无杂质、无异味的即可。而绿芥末多带包装，以包装上生产日期、生产商、保质期、配料表等一系列信息齐全的为好。

4 种鲜菜类调味品，选购以鲜为要

鲜菜类调味品是指新鲜的，有辛辣味或其他提鲜、调香味道，一般不作为主菜食用的食材，如大葱、生姜、大蒜、香菜等。这些调味品虽然很少大量选购，但是却是烹调当中必不可少的配料，缺了它们，美味佳肴会少了很多味道，变得不再那么美味。所以，学会如何选购鲜菜类调味品，也能让自己的餐桌变得更加丰富、健康。

大葱，葱白长的更实惠

大葱含有蛋白质、维生素、碳水化合物、矿物质、葱辣素等营养元素，有杀菌及抑制病菌、病毒的功效。平时可以经常选购、适量常吃。

1. 看颜色

葱白呈白色，叶子呈鲜绿色的是新鲜的大葱；葱白上有黑点，叶子变黄且蔫掉的是放置了很久不新鲜的大葱。

2. 看形状

挑选大葱时，要选葱型较直、葱白长的大葱，不要挑弯的。

3. 看手感

挑选大葱时可以用手捏一捏大葱的质感。如果大葱捏起来很紧实，感觉很有水分，说明是质量比较好的大葱；如果捏起来很松，表皮也起了褶皱，说明大葱已经放了有一段时间了，不宜选购。

4. 看时节

大葱因上市时间不同而分鲜葱和干葱两种。鲜葱秋季上市，新鲜的鲜葱青绿，无枯、焦、烂叶，葱株粗壮匀称、硬实，无折断，葱白长，管状叶短、无泥水，根部无腐烂。干葱经贮藏后冬季上市，新鲜的干葱葱株粗壮均匀，无折断破裂，叶干燥、不抽新叶。

生姜，注意鉴别硫黄姜

生姜属于药用食材，我国自古以来就有"生姜治百病"的说法，其功效很多，是日常烹调中的常见配料，也是治疗恶心、呕吐的良药。参考以下方法，一般可以挑出质量上乘的生姜。

1. 看颜色

正常的生姜外皮比较干燥，颜色是正常的黄色。如果生姜外皮水嫩，且颜色呈亮亮的浅黄色，是硫黄姜，不宜选购。

2. 看表皮

用手搓生姜的表皮，如果皮很容易搓掉，掰开之后内外颜色差别较大的有可能是硫黄姜。

3. 闻气味

生姜有独特的辛辣味，如果闻生姜的表面有硫黄或其他异味，说明不是正常的生姜，不宜选购。

4. 尝味道

如果商家允许品尝，可以切一块生姜放入口中尝一下，姜味不浓或是有其他异味的要慎重购买。

大蒜，不发芽的质量好

大蒜分为紫皮蒜和白皮蒜。紫皮蒜辣味浓郁，一般北方较多；白皮蒜辣味较淡，南方食用较多。不过挑选方法均可以参考以下方法。

1. 看颜色

够买大蒜时建议购买紫皮大蒜，因为这种大蒜的蒜味重，而且杀菌的功效比白皮蒜更强。

2. 看外形

一般好的大蒜是圆形的，扁的或有缺口的大蒜质量较差。

3. 看瓣粒

挑选时要观察一下大蒜瓣粒。如果瓣与瓣之间有明显的弧度的则为好蒜。如果外圈呈光滑的圆弧，说明蒜粒较小。

4. 看触感

购买时摸一下大蒜，好的大蒜摸起来是硬的，没有软的或者凹下去的蒜瓣。如果摸到软的或凹下去的蒜瓣，说明该蒜可能快要发霉或变质了，建议不要购买。

5. 从上看大蒜

从蒜的顶尖看大蒜，饱满度非常高，哪怕大蒜都裂开了口，一粒一粒地分散开，但依旧靠下面的蒜核集中在一起的蒜最好。若大蒜顶尖发芽了，其外面的蒜瓣都是空的，则质量较差，不建议购买。

🛒 香菜，以带根的为好

香菜，学名芫荽，有独特的香味，凉拌、炖汤、做面等日常烹调中，大部分都会拿它来提味。如果喜欢吃的话，可以参考以下方法进行选购。

1. 看大小

香菜太大的话，茎部比较多，吃起来稍硬，而且香菜味会少一些，如果用来炒菜，可以选择这样的。如果用来配菜、提味，建议选择叶多、茎嫩的。

2. 看整体

香菜颜色鲜绿，叶子平整、没有发蔫、没有黄叶和黑叶的，比较新鲜，适合选购。

3. 看根部

香菜是生长在土里的，所以选购时观察根部很重要，要选择根部饱满、没有虫眼、没有腐烂的。

5 种其他常见调味品，选购方法要知晓

除了以上常见调味品之外，还有八角、桂皮、芝麻酱、蚝油、料酒、蜂蜜等常见调味品，丰富着菜品的味道，也对我们的身体健康产生影响，所以学会如何挑选这些调味品，也非常重要。

八角，以八瓣荚角的为佳

八角，又叫八角茴香、大料，是我国及东南亚地区烹饪的调味料之一。八角的主要成分是茴香油，能刺激肠胃神经血管，促进消化液分泌，增加肠胃移动，有健胃、行气的功效，有助于缓解痉挛、减轻疼痛。选购一些，可以在平时炖汤、炒菜时适量放入来提味、增香。

1. 看颜色

购买八角时可以挑选深褐色的，这种八角味道比较浓厚。

2. 看外形

之所以称茴香为八角，是因为大多数的茴香都是八个角。若是出现了九个角甚至十二个角的，很可能是用莽草来冒充的。莽草属于有毒植物，吃到会引发身体不适，所以挑选时要数数有几个角。而且好的八角一眼看上去瓣角整齐，尖角平直，背面粗糙有皱纹，内表面颜色较浅，平滑有光泽。

3. 看厚度

挑选时建议选择肉质较厚，边缝较大，可以明显看到里面籽的八角，这种八角比较成熟。

4. 闻气味

选购的时候需要仔细闻闻八角的味道，优质八角气味芳香，有强烈而特殊的香气。

5. 尝味道

拿一小块八角尝一下，好的八角味道甘甜香味浓。若味道太淡则不宜选购，因为很可能被泡过水或不新鲜了。

6. 看种类

根据收获季节的不同，八角有秋八角和春八角两种类型。秋八角的果实非常的饱满，而且外表颜色红亮，味道相当的浓厚，质量较好。春八角则比较瘦小，稍微有些青色，香气也没有秋天的明显。

🛒桂皮，　香味浓郁没有虫霉白斑的质量好

桂皮，又叫肉桂，其气味芳香，作用与茴香相似，常用于烹调腥味较重的原料，也是五香粉的主要成分，是最早被人类食用的香料之一。家庭烹调肉类时加一点肉桂，不仅可以增加香味，还能抑制氧化、减少杂环胺的产生。桂皮含有肉桂醛等芳香物质，还有丰富的类黄酮等抗氧化物质，并且还是镁的极好来源。桂皮有活血的作用，但其性热，夏季不宜多食，孕妇也不宜多食。

一般来说，桂皮有薄肉桂、厚肉桂、桶桂三种，所以我们在挑选时不仅要以外表呈灰褐色、肉皮呈赭赤色，肉质厚，没有虫霉，无白色斑点，无其他异味为总的挑选原则，还要根据详细的分类进行挑选。

1. 薄肉桂

挑选薄肉桂时要选择外皮微细、发灰，里皮呈红黄色且肉纹细、味薄、香味少的。

2. 厚肉桂

挑选厚肉桂时要选择皮呈紫红色、粗糙且肉厚的。

3. 桶桂

桶桂要选择嫩桂树的皮，皮呈土黄色、质细、甜香且味正的。

🛒 芝麻酱，质量上乘的越搅拌越干

芝麻酱是将芝麻烘烤、磨制，再加入香油调制而成的，是凉菜、涮羊肉、面食等食品的常用调料。根据芝麻材料的颜色不同，芝麻酱可以分为白芝麻酱和黑芝麻酱两种。白芝麻酱以食用为佳，如火锅麻酱的原料就是白芝麻；黑芝麻酱以滋补益气为佳。平时可以根据自己所需进行选购。

1. 看颜色

用纯白芝麻加工出的芝麻酱，呈淡黄色，用黄白芝麻加工出的芝麻酱，呈棕黄色。如果芝麻酱颜色发灰，说明质量不好。

2. 闻气味

购买散装芝麻酱时应闻闻芝麻酱的气味。质量好的芝麻酱闻起来有一股浓厚的芝麻香味，如果在酱里闻到花生油或葵花籽油的味道，说明其中夹杂了大量的花生和葵花籽，不够纯正，不宜选购。

3. 尝味道

商家允许时可尝一下芝麻酱的味道。质量好的芝麻酱入口后细腻油滑，有甜味感，还有微微的油酥感；如果有苦涩味，说明该芝麻酱质量不好。

4. 看形状

质量好的芝麻酱，观感细腻，无颗粒状，用勺子舀一下，芝麻酱呈线状流下，并且含油多。如果感觉酱体粗糙，用勺子舀时酱体呈块状落下，则说明其质量不好。

5. 看包装

购买瓶装或袋装产品时，要注意包装上的生产日期。生产时间不长的纯芝麻酱（20 天以内）一般无香油析出，外观应呈棕黄或棕褐色，用筷子蘸取时黏性大，从瓶中向外倒时，酱体不易断开。

6. 看价格

购买时可以根据芝麻的价格来选购芝麻酱，芝麻每斤 20 元左右，1 斤芝麻出的芝麻酱不足 1 斤，所以价格低于 25 元 1 斤的芝麻酱一般都不是纯的。当然，这个以当地物价为准。

7. 看沉淀物

纯芝麻酱的瓶底不易出现沉淀物，甚至放 1 年也只会有一层沉淀物；不纯的芝麻酱一般 2～3 个月就会出沉淀物，而且沉淀物很厚。

8. 试验

如果想要检测买回家的芝麻酱是否纯正，可以取少量芝麻酱放入碗中，加少量水用筷子搅拌，如果越搅拌越干，则为纯芝麻酱，否则不纯。

蚝油， 稠度适中无分层沉淀的是优质蚝油

蚝油是用牡蛎熬制而成的调味料，含有丰富的微量元素和多种氨基酸，日常饮食中加些蚝油，可以增强人体免疫力。购买时可以参考以下方法。

1. 看色泽

优质蚝油呈红褐色至棕褐色，鲜艳有光泽。

2. 看油的状态

优质蚝油呈稀糊状、无杂质渣粒，长久放置无分层或淀粉析出沉淀现象。

3. 尝味道

买回来的蚝油在使用前可以先尝一下味道，优质的蚝油味道鲜美醇厚而稍甜，无焦、苦、涩和腐败发酵等异味，入口有油样滑润感。

4. 看品质

以远离污染源，用管理好的生产基地养殖出来的新鲜牡蛎熬制而成的为最好。

料酒， 挑选时注意酒精含量

料酒是专门用于烹饪的酒，主要成分有酒精、糖分、有机酸类、氨基

酸、酯类、醛类、杂醇油及浸出物等，它所富含的人体需要的 8 种氨基酸在被加热时，可以产生果香、花香和烤面包的味道，所以料酒可以增加食物的香味、去腥气。平时选购一瓶，可以在烹调鱼、肉、虾、蟹等荤菜时使用。

1. 看标签

购买料酒时，首先要留意一下标签上标注的原料。按照现在调料酒行业的标准，用原酿黄酒和食用酒精为主体制成的料酒都符合标准规定。有一些企业为了降低成本，会用一部分食用酒精代替黄酒，或者完全用酒精和水配制，这样的料酒在标签原料栏里会有"食用酒精"的字样。当然，酒精配制成的料酒品质和原酿料酒是无法相比的。

2. 看酒精度

料酒是通过酒精加热蒸发带走膻腥味的，所以酒精的度数是非常重要的。料酒的酒精度应该在 10 ~ 15 度之间，有些料酒的酒精度很低，不仅对烧菜没效果，而且还容易变质。一些厂家会在料酒中加入较多的添加剂，吃下去可能会危害健康。另外，酒精度数太高，也会影响菜的味道。

3. 看品牌

料酒的原料是黄酒，原汁黄酒陈酿需要酒窖，这就需要投资巨大的资金成本和仓储成本，时间跨度很长，一般小企业根本无力承担。而酒精配制型的料酒只要准备勾兑原料，几分钟就可以完成。所以还是要选择大企业大品牌的料酒比较可靠安全。

4. 看种类

料酒随着发展出现了很多细分产品，如"五香料酒""葱姜料酒""海鲜料酒"等，购买的时候可以根据自己需要选择不同的料酒。

Part 9　多样饮品，

　　弄懂食品添加剂的是是非非

　　　　才能喝出真营养

种类繁多的乳制品，学会区分是挑选的基础

　　市场上的乳制品种类繁多，广告宣传五花八门，各种品牌不同系列，每一项都是影响我们选购的因素。所以，如何才能选出符合自己需要的乳制品，需要先学会区分这些乳制品的标签。

　　一般来说，乳制品的分类有液体乳类、乳粉类、炼乳类、乳脂肪类、干酪类、乳冰淇淋类及其他乳制品类。由于本章内容为饮品，所以此处主讲液体乳。单就液体乳来说，就包括杀菌奶、灭菌奶、纯牛奶、调制奶、酸奶等概念，与液体乳相似包装的含乳饮料、乳酸菌饮料常常被错认作营养奶放入购物车。

　　按照国家有关规定，纯牛乳、纯酸牛乳中的蛋白质含量均不得低于2.8%；调味牛乳、调味酸牛乳、果味酸牛乳中蛋白质含量不得低于2.3%；而配制型乳饮料、发酵型乳饮料蛋白质含量不得低于1%；乳酸菌饮料蛋白质不得低于0.7%。在挑选时，可以把这些数值标准与包装上的营养成分表数值进行核对，看自己所选购的产品是否符合要求。

🛒 了解常见液体乳，为挑选奶制品打基础

一般来说，常见的液体乳有以下几种。

1. 生鲜奶

生鲜奶通常也叫生鲜乳，是未经杀菌、均质等工艺处理的原奶的俗称，通常以散装形式出售，购买后由消费者自己在家中煮沸饮用。很多消费者认为自己购买的生鲜奶营养更丰富，而且不含防腐剂，喝起来更健

康。其实这是一种误解。

（1）隐患颇大。相较于经过正规加工流程、符合国家标准的包装奶来说，自己购买的生鲜奶有很大的隐患。比如产奶的奶牛是否健康、生鲜奶的质量是否有保障、运输工具是什么样的、销售过程中有没有进行过杀菌处理等，都是需要考虑的问题。一旦这些方面存在安全隐患，生鲜奶中很可能携带奶牛体内的布氏杆菌、结核杆菌及环境中的大肠杆菌、金黄色葡萄球菌、假单胞菌、沙门氏菌、李斯特菌等致病菌，饮用后有被病原菌感染的风险。而且有些病原菌单靠煮沸是无法去除的，所以即使购买生鲜奶，也要购买自己确定、质量有保障的，否则不宜选购。

（2）营养存疑。自己购买的生鲜奶是没有经过一道道繁琐的工序，也没有添加任何食品添加剂，但是据研究表明，生鲜奶与经过巴氏杀菌的纯奶其实在营养及人体健康功能方面并没有显著差异。自己煮沸的生鲜奶之所以风味浓郁、黏稠，是因为未经过均质工艺处理，其所含的乳脂肪球较大，煮沸后发生聚集上浮，从而带来了"黏稠""风味浓郁"的感官印象，并不是真的就含有更多的营养。而且很多人所认为的"牛奶中一定添加了大量防腐剂才能保存这么长时间"也有误区。无论是巴氏杀菌奶低温下保存一周，还是常温奶可以保存半年到一年，单纯靠杀菌后无菌密封就可以达到这样的保存时限，不需要添加防腐剂，所以购买正规厂家生产、有质量保障的牛奶比自己购买生鲜奶的风险要小很多。

2. 巴氏杀菌奶

巴氏杀菌奶是以生牛乳为原料，经巴氏杀菌等工序制得的液体产品。巴氏杀菌是将牛奶加热到70℃左右，持续一段时间后急速冷却，以此促使细菌死亡的一个过程。采用巴氏杀菌法的好处是，不仅可以杀灭生牛乳中所含的细菌，还可以有效减少生牛乳中营养物质的损失，B族维生素损失仅为10%左右，相对来说是理想的购买选择。巴氏杀菌奶的外包装上标有"鲜牛乳"字样，配料表中一般只有生牛乳，无防腐剂添加。不过巴氏杀菌奶保质期较短，一般不超过一周，而且运输及贮藏都要保持在4~6℃。

3. 超高温（UHT）灭菌奶

超高温（UHT）灭菌奶是以生牛乳为原料，在连续流动的状态下加热至 135～150℃，在这一温度下保持一定的时间来灭菌，然后在无菌状态下罐装于无菌包装容器中。用超高温灭菌法处理的牛乳不但可以杀灭牛乳中的全部微生物，而且可以使牛乳的物理化学变化降低到最低程度。相比巴氏杀菌奶，超高温灭菌奶维生素和蛋白质会多损失一些，而矿物质相差不大，且运输及贮藏方面有诸多便利，所以市场上超高温灭菌奶比较多。超高温灭菌奶的外包装上一般标有"纯牛奶"的字样，配料表中只有生牛乳，能在常温条件下贮藏和销售，也称为"常温奶"，保质期一般为6个月。

4. 复原乳

复原乳是指把牛奶干燥成乳粉后，再添加一定的水或牛奶制成的乳液。加工方式有两种：一种是在鲜牛奶中掺入比例不等的奶粉；另一种是以奶粉为原料生产的饮料。巴氏杀菌奶中不允许添加复原乳，常温奶中则可以添加。相比巴氏杀菌奶和超高温灭菌奶来说，复原乳中如免疫蛋白、活性酶、活性肽等生物活性物质与维生素会有损失，主要营养成分蛋白质、钙元素和脂肪相差不大。在选购时，复原乳的外包装上一般标有"复原乳"的字样，配料表中也会标注全脂乳粉或奶粉这一项。

5. 牛初乳

牛初乳是指从正常饲养的、无传染病和乳房炎的健康母牛分娩后72小时内所挤出的乳汁，其中含有多种免疫因子，如活性免疫球蛋白、乳铁蛋白、乳过氧化物酶、溶菌酶等，但其物理性质、成分与常乳差别很大，质量不稳定，所以一般人群可以适量选购、饮用。但是婴儿体质较为敏感，不适合用于加工婴幼儿配方食品，所以我国禁止在婴儿配方食品、较大婴儿和幼儿配方食品、特殊医学用途婴儿配方食品中使用牛初乳，选购时要注意这一点。

6. 调制乳

调制乳是指以不低于80%的生牛乳或复原乳为主要原料，添加其他原料或食品添加剂、营养强化剂制成的液体产品，比如市场上的高钙奶、大枣奶、核桃奶等均属于调制乳。调制乳与含乳饮料的重要区别在于牛奶的含量上，在外包装的配料表上，第一栏出现的是"生牛乳""乳粉"，一般这种饮料属于调制乳，而第一栏是"水"则为含乳饮料。此外，在产品的外包装上也会标有"调制乳"的字样，要仔细辨认清楚。与纯牛奶相比，调制乳口味多、个别营养素得到了强化，可以根据自己的需求进行选购。

🛒 乳饮料，　含奶的饮料制品

乳饮料是指以乳或乳制品为原料，加入水及辅料等制成的饮料制品。市面上销售的配制型乳饮料、发酵型乳饮料及乳酸菌饮料都属于这一范畴，在外包装上仔细查看就会看到"乳味饮料""含乳饮料""乳酸菌饮品"等字样。与液体乳相比，乳饮料蛋白质含量低，食品添加剂种类相比纯牛奶多，液体乳能提供的一些营养，并不代表乳饮料也同样能提供，所以在选购要认清包装、标识等，按自己需要进行购买。

在乳饮料中，乳酸菌饮品占据很大比重，也常被保存在冷藏柜中。目前对标称含有"活性乳酸菌"的乳饮料功能存在争议，部分人认为活性乳酸菌的存活率低，而且此类乳饮料中却含有大量的糖分，如果为了促进消化饮用反而会导致摄入糖分超标，得不偿失。所以挑选时如果在意，可以将其列入挑选标准。

挑选酸奶，避开误区

　　酸奶是指以牛乳或乳粉为原料，经杀菌、添加嗜热链球菌和保加利亚乳杆菌等发酵制成的饮品。酸奶在发酵过程中，牛奶中的乳糖在乳酸菌的作用下被分解成乳酸，而乳酸和钙结合更利于人体吸收，所以酸奶不仅适合一般人，更适合乳糖不耐及骨质疏松的人群饮用。不过为了增加酸奶的风味，一般还会在酸奶中添加牛乳、寡糖、果胶、果糖和香料等，所以相较于牛奶来说，酸奶热量普遍偏高。

　　平时选购酸奶时，会发现酸奶有很多名称，比如酸奶、酸牛奶、风味发酵乳、老酸奶、优酪乳、酸乳等，让消费者挑花了眼。其实这些名称一般是企业为了特色而取的名字，在挑选时不用过于在意，只要在标签上看到标注是酸奶，不是饮料，一般就可以判定其为酸奶。

　　在国家规定中，酸奶产品类型一般分为四类：酸乳、风味酸乳、发酵乳、风味发酵乳。相比较起来，酸乳的发酵菌种必须是保加利亚乳杆菌或是嗜热链球菌，而发酵乳可以添加其他菌种进行发酵。同时发酵乳、酸乳只可添加菌种不能添加其他的食品添加剂，而风味发酵乳、风味酸乳可以添加其他的食品添加剂来调节口感。选购时，这些都可以作为判断自己所需的依据。

了解酸奶分类，告别认识误区

　　1. 酸奶的分类

　　（1）按外观分。按照外观分类，酸奶可以分为凝固型酸奶和搅拌型酸奶。凝固型酸奶是先把牛奶和发酵剂倒入杯中然后进行发酵的产品，呈现凝冻状；搅拌型酸奶是先在大罐中发酵成凝冻，再添加果料等配料，最后分装的产品。

（2）按杀菌方式及贮藏条件分。按照杀菌方式及贮藏条件可以分为低温酸奶和常温酸奶。低温酸奶需冷藏，保质期通常为 5 ~ 28 天；常温酸奶在常温下也可保存 5 个月以上，需在外包装上标注"热处理"字样。两种酸奶各有各的好处，在挑选时可以比较外包装上的营养成分表，以购买蛋白质高、脂肪不高、碳水化合物不高的产品最健康。

2. 关于酸奶的认识误区

（1）酸奶中含有很多食品添加剂会不安全。酸奶中的食品添加剂一般有多糖类、蛋白类、油脂类、淀粉类及色素、甜味剂等。从配料表来看，一般添加的多糖类有果胶、琼脂，其中果胶是从植物中分离出来的，是膳食纤维的重要组成部分，食用琼脂是用来增加弹性口感、促进酸奶呈果冻状凝块的。常添加的油脂类为单硬脂酸甘油酯，淀粉类为羟丙基二淀粉磷酸酯、乙酰化双淀粉己二酸酯。以上这些物质在目前的研究中都被证明是无毒、无害的，可以放心食用。而有些酸奶会添加色素来增加颜色，有些酸奶会添加甜味剂来提味，只要是在国家标准范围内进行添加，都是可以的，如果不想食用这两类食品添加剂，在选购时注意查看标签，选择其他品种的酸奶即可。

（2）加了水果的酸奶更营养。市场上有很多加水果、谷物的酸奶，售价更高，所以很多人认为其营养就比较丰富。其实，加入酸奶中的水果块、谷物多已经过热处理，不耐高温的维生素类含量已经大大降低。而且，这类酸奶颜色鲜艳、口感丰富，有很大程度都是其中的色素、香精、甜味剂在起作用，并不能代表其营养价值更高，平时可以适当选购饮用，但是不宜长期饮用。如果觉得酸奶的味道比较单调，可以自己将新鲜的水果切块，与酸奶一同食用。

（3）老酸奶营养价值更高。传统意义上的老酸奶是以鲜奶为原料，将半成品分别灌装到预定包装里，密封后实施 72 小时的冷藏发酵后呈现的固态酸奶。其制作时间长、保质期相对较短，目前在工业生产中很难大规模实现，所以现在市场上大量销售的老酸奶多是采用在普通酸奶中添加果胶、食用明胶等食品添加剂，将酸奶制成固态的"老酸奶"的样子来销售。这样的老酸奶与普通酸奶的营养价值相差不大，但其独特的口感较为吸引人，如果喜欢，也可以选择正规厂家生产的来食用。

（4）可以用黏稠度来判断酸奶的好坏。一般来说，原料乳里的蛋白质含量越高，产生的酸奶就越浓厚，而蛋白质太少，酸奶凝乳就比较脆弱，这样来看，用黏稠度来判断酸奶的好坏好像是成立的。但是现在销售的酸奶中，很多都会添加增稠剂，如改性淀粉、果胶、黄原胶、食用明胶等，这些物质可以让酸奶变得浓稠，但是不能被人体消化吸收，属于不可溶性膳食纤维，虽然被证实无毒、无害，却也不会给身体带来益处。所以，不要用黏稠度来简单判断酸奶的质量。

🛒 选购好酸奶，从包装到口感都要考虑到

1. 看包装形式

市场上的酸奶大部分是用塑料包装，一般塑料包装中会含有塑化剂，是一种人工合成的化学物质，有低毒，虽然国家标准不允许食品包装中塑化剂含量超标，但是从健康层面来看，最好选择玻璃瓶包装的酸奶，以此降低塑化剂超标的风险。

2. 看产品名称

产品名称是酸乳、风味酸乳、发酵乳、风味发酵乳的，均是不同种类的酸奶，但是如果产品名称中标有"饮品"，就说明这是一款饮料，而非酸奶。

3. 看配料表

配料表标明了要选购的酸奶产品所用的所有原料，除了对我们无害的生牛乳、蛋白粉、奶油、白砂糖、菌种之外，其他的为了改善产品口感、状态所添加的食品添加剂即使在国家标注允许范围内，也是越少越好。而

菌种则以嗜热链球菌和保加利亚乳杆菌两种为宜。

4. 看营养成分表

营养成分表主要看蛋白质的含量，在国家标准中，酸奶产品的蛋白质含量最低是 2.3%，若是要选购的酸奶蛋白质含量低于 2.3%，那么，该产品实际上是一款乳味饮料，而非酸奶。

5. 看贮存条件

因为酸奶产品中含有大量乳酸菌，在乳酸菌达到一定数量，酸奶的酸甜口感达到适合的情况下，就要对酸奶进行降温处理，防止在高温情况下所含的乳酸菌继续发酵产酸，造成口感太酸，影响食欲。每个厂家在其酸奶产品包装上都注明了贮存条件 2~6℃，保证低温贮存。如果选购时发现实际贮存条件无法达到这一标准，尽量不要选购。不过标有"热处理"的常温酸奶除外，它可以常温贮存。但是当外包装产生鼓包时不宜选购。

6. 看口感

除了适合的酸甜比例，根据工艺、配方等的不同，有些酸奶倒出来看状态上偏稀，用吸管吸着食用；有些酸奶却偏稠厚，呈均匀的浓稠状或豆腐块状，可以用勺子舀着吃。另外也有很多酸奶添加果味香精或者果肉，用来提高酸奶的口感。个人可根据个人的喜好进行选择即可。只是当酸奶出现其他异味时不宜继续食用。

选择好牛奶，要先避开非法添加

牛奶是最古老的天然饮料之一，被誉为"白色血液"，富含钙、磷、铁、铜、锰、钾等矿物质，对人体健康具有非常重要的作用。尤其难得的是，牛奶中的钙磷比例适当，不仅能补充人体所需的钙和磷，而且利于人体对钙的吸收。所以平时可以经常选购优质的牛奶饮用，以此来补充营养，促进身体健康。

了解牛奶存在的安全隐患，为选购打基础

目前牛奶市场上，存在一些安全隐患，了解这些安全隐患，可以提醒自己，在选购时注意仔细鉴别，挑出优质牛奶。

1. 二氧化氯保鲜牛奶

二氧化氯是一种无色无味的化学药品，放在牛奶里可以让牛奶放一两天都不会变质。按照我国目前的食品添加剂标准，二氧化氯只能用于果蔬和部分水产品的防腐保鲜，并不允许直接添加在牛奶中。

2. 皮革奶

皮革奶是通过添加皮革水解蛋白质，从而提高牛奶含氮量，达到提高其蛋白质含量检测指标的牛奶。不过这种皮革水解蛋白质中含有严重超标的重金属等有害物质，致使牛奶有毒有害，严重危害人体健康。

3. 各种非法添加剂

不良厂家在牛奶中添加漂白剂、滑石粉、工业碱、三聚氰胺等有害物质，达到表面提升牛奶质量的目的，但是这些添加剂对人体造成的危害不

可控。

学对方法，轻松挑出安全优质奶

1. 闻味道

新鲜优质的牛奶有鲜美的乳香味，有酸味、鱼腥味、臭味等异味的牛奶表明已经变质，不宜选购。

2. 看包装

购买时要观察包装是否有胀包、奶液是否是均匀的乳浊液，如果发现奶瓶上部出现清液，下层呈豆腐脑沉淀在瓶底，说明牛奶已经变质，不宜选购。如果是无法看到奶液的包装，要仔细查验生产日期、保质期、生产厂商、生产地址等信息是否齐全，尤其是生产日期、保质期是否有被修改过。

3. 尝味道

一般去超市、商场购买牛奶时，旁边会有可以品尝的小杯牛奶，如果有的话尽量先尝一下。新鲜的牛奶有微甜味，香气不浓烈。如果有苦味或酸味，说明牛奶原材料质量差。如果有浓香或很甜的味道，说明牛奶放了香精或增味剂，后两种均不宜选购。

如果实在不放心，买回来的牛奶还可以进行以下两个步骤的查验，以此来增加放心程度。

1. 加热

将买回来的牛奶加热，如果在牛奶还没有沸腾的时候就出现分层或凝聚现象，说明奶中的微生物已经大大超标，不宜继续饮用。

2. 试验

可以把牛奶倒在干净的玻璃杯中，静置几分钟，再倒出去。如果杯壁上有均匀一层薄薄的挂杯，是正常的牛奶。如果杯壁上有细小颗粒、细小团块，说明原奶已经有过结块现象，表示原奶质量不好。

多样饮料，学会选购适量喝

饮料作为我们的日常饮品之一，健康性一直饱受争议。有人认为它口味多样，比白开水好喝，可以带来更多的满足感，即使对健康无益，也不会对健康有害。有人则认为它使用的食品添加剂过多，对健康造成的危害不可控。所以本节带你了解饮料的多样分类，看看它们的营养价值与危害，为选购、饮用提供更多的依据。但是总的来说，无论是什么样的饮料，都以适量为度，不宜过多的饮用。

饮料多种多样，有营养也有危害

饮料的基本成分比较类似，主要是水、糖和防腐剂、甜味剂、色素、香精等食品添加剂。具体来说，常见的有以下分类。

1. 碳酸饮料

碳酸饮料是在一定条件下充入二氧化碳气的饮料制品，根据口味和食品添加剂的不同可以分为果味型、可乐型、低热量型等。一般来说，除了其中所添加的糖类能给人体补充能量外，碳酸饮料几乎不含营养素，过量饮用对身体健康有害。比如过量饮用碳酸饮料容易造成骨质疏松、导致人体细胞受损、破坏消化系统功能、引起肥胖等。

2. 果汁饮料

果汁饮料是以水果为原料经过物理方法如压榨、离心、萃取等得到的汁液产品，一般可以分为以下几类。

（1）鲜榨果汁。鲜榨果汁是果汁中营养价值最高的，既新鲜，又不会在榨取过程中大量丢失营养物质。没有添加剂，含糖量少，自己可以选择喜欢的水果。不过鲜榨果汁在榨汁过程中容易受到污染，所以适合现榨现喝，而且对卫生要求比较高，如果是在外选购的话，这点要非常注意。如果自己在家，还是选择直接吃水果营养价值比较高。

（2）单一果汁。单一果汁是最常见的果汁，其材料来源于一种水果。这些饮料大都保留作为原材料水果的特有品质与清香。因为种类较多，其成分也各不相同，购买或饮用时最好阅读商标以了解果汁的组成成分，如水果的种类、水果含量以及糖分等。

（3）混合果汁。混合果汁由两种或两种以上的水果汁混合而成。特点是既能提供多种营养，又能弥补某些水果口感上的不足。但是购买时要尽量选择食品添加剂相对较少的。

（4）果蔬饮料。果蔬饮料是指用新鲜或冷藏的水果或蔬菜加工制成的饮料。果蔬中含 B 族维生素、维生素 E、维生素 C、胡萝卜素以及钙、镁、钾等无机盐，对于维护人体健康起着重要作用，在选购时尽量选择无糖或低糖的。

（5）加奶果汁。加奶果汁是在果汁中加入了发酵乳、乳清、鲜乳或还原乳而制成的饮品，有的还添加人体必需的维生素、膳食纤维、活性钙等营养成分，使饮料口感更加滑润，营养更为丰富。

3. 植物蛋白饮料

常见的植物饮料有豆乳类饮料、椰子乳饮料、杏仁乳饮料等，这类饮品具有一定的营养作用，但在选择时要查看配料表，含糖量少、无添加的产品较好。

4. 特殊用途饮料

特殊用途饮料是通过调整饮料中天然营养素的成分和含量比例，以适应某些特殊人群营养需要的饮料制品，包括运动饮料、营养素饮料和其他特殊用途饮料三大类。运动饮料中含有很高成分的电解质，适合特殊人群，并不适合日常饮用。

5. 调制咖啡饮料

调制咖啡饮料包括常见的罐装咖啡，现制的奶昔、卡布奇诺、拿铁之类的高热量咖啡饮料。虽然咖啡含有维生素、游离脂肪酸、咖啡因、单宁酸等的营养成分，有提神、消除疲劳、促进代谢等功能。但调制咖啡饮料一般用大量的糖、植脂末来调节口感，植脂末在生产过程中会产生反式脂肪酸。反式脂肪酸对人体有较大危害，可以使人体血液中的低密度脂蛋白增加，高密度脂蛋白减少，诱发血管硬化，增加心脏病、脑血管意外的危险，所以平时适量选购饮用。

饮料，这样挑选更安全

1. 看包装

要看清标签标注、生产日期、保质期、生产厂家、生产地址等是否齐全；配料表中的配料成分是否符合该类饮料的标准；包装是否有鼓包、鼓盖等现象。

2. 看配料表

在选购时要注意营养成分表上的单位是"每瓶""每100ml"还是更小的单位。按照国家标准，饮料瓶上标注的"低热量"要求热量低于80kJ/100ml，标注的"零热量"要求低于17kJ/100ml，标注的"低糖"要求每100ml中的糖低于5%，而标注的"无糖"则要达到含糖量低于0.5%的标准。

3. 看营养

尽量选择营养价值较高的饮料，比如选择含有牛奶、植物蛋白、果汁的饮料相比完全通过各种原料配制出的饮料更好。

4. 看人群

选购饮料要因人而异。果汁饮料有一定的营养成分，适合一般成年人饮用，但是儿童、青少年、老年人最好少饮或不饮。

其实，果汁饮料偶尔喝一两次并不会对身体造成损害，最怕的就是长期、大量饮用，甚至直接将其替代了水。所以，学会选择更好的替代产品才是上上策。比如选择矿泉水、纯净水、液体乳、豆浆、茶等替代果汁饮料，只将果汁饮料作为日常调剂饮品饮用。

全面认识乳酸菌，才能选出更好的

　　含有"活性乳酸菌"的乳饮料是市场上的热门，号称可以补充益生菌、促进胃肠消化、调节肠道菌群等。这类乳酸菌饮料根据贮存温度分为常温型及低温型，常温型是指发酵过后采用杀菌处理将乳酸菌灭活，更适合运输、贮藏，而低温型乳酸菌饮料则含有活的乳酸菌，需冷藏才能保证活度。乳酸菌确实有益于身体健康，但是也不能忽视乳酸菌饮料当中存在的"隐患"，这样的乳酸菌饮料到底是不是像宣传中一样有诸多益处呢？这需要我们对活性乳酸菌饮料有一个全面的认识。

全面认识乳酸菌饮料中的选购 "陷阱"

　　1. 乳酸菌饮料中的糖分

　　对乳酸菌而言，糖分是益生菌赖以生存的养料，在没有糖分提供能量时，益生菌很快就会死掉。而且为了追求口感，乳酸菌饮料会增加糖分含量中和酸味。国家标准规定乳酸菌饮料含糖量每100ml不得超过8%，一些乳酸菌饮料甚至比相同体积的可乐含糖量还高，所以如果想要通过乳酸菌来帮助消化、促进健康，反而会摄入更多糖分和热量，所以选购时不要只考虑乳酸菌，而忘了含糖量。

　　此外，目前市场上出现了很多低糖乳酸菌饮料，其中使用部分低聚果糖来达到减小含糖量，使得含糖量可以减少至5%，因此选购时要尽量选择含糖量低的乳酸菌饮料，同时减少每次的摄入量。

2. 零脂肪

有些乳酸菌饮料会在外包装上打出"零脂肪"的宣传，使用的配料中标注为脱脂奶粉，但是，零脂肪并不代表热量低。乳酸菌饮料中的糖分、蛋白质都能提供能量，因此如果想通过乳酸菌饮料达到控制热量、减肥的效果，反而会适得其反。

3. 菌种越多越好

常在乳酸菌饮料中使用的乳酸菌为保加利亚乳杆菌、嗜热链球菌、嗜酸乳杆菌、双歧杆菌及一些乳酪乳杆菌的菌株，鼠李糖乳杆菌等也经研究证实有一定的保健作用，从而添加到乳酸菌饮料中。不过因为不同种类的乳酸菌之间的拮抗性和共生作用会此消彼长，而且功效还有待研究，所以一般最常用的还是保加利亚乳杆菌、嗜热链球菌两种，并不是菌种越多营养效果越好。

4. 常温型乳酸菌依然具有调节肠道菌群的价值

乳酸菌饮料有低温型和常温型两种，如果是常温型乳酸菌饮料，当距离保质期时间近、放置于常温下时，内部的乳酸菌已经基本上灭活了，所以已经失去了调节肠道菌群的潜在价值。如果有商家还在以调节肠道菌群作为宣传点，则不可信也不宜选购。

🛒 在品种繁多的乳酸菌饮料中，找到更优质的

1. 看品牌

看品牌，最好是知名品牌，这样的品牌一般比较优质，可以为乳酸菌饮料提供更多的保障，比如菌株来源的安全性、生产过程的卫生性和产品历史的食用价值等，都比较值得信赖。

2. 看包装

看包装既要看包装本身是否完好，包装上的产品信息是否完整，也要看包装上的配料表。比如尽量选择含糖量低的，同等条件下选择乳酸菌含量多的。

3. 看贮存

为了获得更具保健作用的乳酸菌饮料，最好选择在低温环境下贮存的低温型乳酸菌饮料，以保证乳酸菌含量更高。不过，即使是低温型乳酸菌饮料，也最好选择刚生产的，距离保质期越近，乳酸菌含量越低。

4. 看发酵

购买时，尽量选择发酵型乳酸菌饮料，不要选择调配型的。发酵型乳酸菌饮料的配料表中会标有乳酸杆菌，这样的才是真正的乳酸菌饮料。

想要健康饮茶，先要选对茶叶

茶文化在我国源远流长。茶的口感除了与烹茶技艺有关之外，还与各种各样的茶叶品质息息相关。因此想要喝到好茶，发挥茶叶中蛋白质、氨基酸、生物碱、茶多酚、碳水化合物、矿物质、维生素等多种有益于身体健康的功效，一定要先了解茶叶，选对茶叶。

🛒 了解茶叶的常见分类

一般可以将茶叶分为绿茶、红茶、乌龙茶、白茶、黄茶和黑茶。

1. 绿茶

绿茶是不经过发酵，将鲜叶采摘后直接炒制而成的茶，色泽依旧是绿色的。相较于其他茶类，较多地保留了鲜叶的天然物质，如茶多酚、叶绿素、咖啡因、氨基酸、维生素等营养成分。绿茶的品种很多，如龙井、碧螺春、毛峰等。

2. 红茶

红茶与绿茶恰恰相反，发酵程度大于80%，是一种全发酵茶。在加工过程中茶叶中所含的茶多酚被氧化，变成红色的化合物，冲泡后茶汤颜色也会变红。红茶主要有小种红茶、功夫红茶和红碎茶三大类。

3. 乌龙茶

乌龙茶是一类介于红绿茶之间的半发酵茶，在六大类茶中工艺最复杂费时，泡法也最讲究，因此也被称为工夫茶。其中的名贵品种有武夷岩茶、铁观音、凤凰单丛、台湾乌龙茶等。

4. 白茶

白茶属于微发酵茶，是我国茶农创制的传统名茶，指采摘后不经杀青或揉捻，只经过晒或文火干燥后加工的茶。因其成品茶多为芽头，满披白毫，如银似雪而得名。品质上佳的白茶具有外形芽毫完整，满身披毫，毫香清鲜，汤色黄绿清澈，滋味清淡回甘等特点。一般有白毫银针、白牡丹、贡眉、寿眉等名贵品种。此外还有一种再加工茶，包括花茶、紧压茶，液体茶、速溶茶及药用茶等。

5. 黄茶

黄茶的发酵程度低于乌龙茶，属于轻发酵茶，叶片呈黄色，冲泡后为黄汤，可以分为黄芽茶、黄小茶、黄大茶三类。

6. 黑茶

黑茶属于后发酵茶，发酵时间较长，使叶色呈暗褐色。其中最为著名的当属云南普洱茶。尽管普洱茶在发酵过程中与其他茶类发酵方式略有不同，但其功效与其他茶类相差不多，近年来不断上涨的价格与其功效关系不大，选购茶叶时可以将其作为参考。

选购安全的茶叶

市面上销售的茶叶最常见的安全隐患是重金属残留、农药残留，以及食品添加剂残留等问题，这与土地污染有关系，也与不法厂家、商贩有关系，所以，在选购茶叶时，为了剔除这些会对健康造成危害的茶叶，一定要仔细鉴别，选出好茶。另外，由于茶叶品种多样，价格多样，不能一一赘述，所以此处只告诉大家选茶可以通用的基本方法，一般也能选出品质上佳的茶叶。

1. 看茶形

看茶叶的外形，主要是看外形是否统一，大小是否整齐，匀净度是否良好，颜色是否正常等。一般来说，六大茶类的茶，各自具有独特的外形。西湖龙井茶扁平光滑，碧螺春茶形卷似螺，六安瓜片是一个个单片；乌龙茶有颗粒形、条形；黄茶有单芽形、扁形、雀舌形、环形等。

2. 看颜色

茶叶的色泽与原料的嫩度、加工技术有密切关系。各种茶叶均有一定的色泽要求，如红茶乌黑油润、绿茶翠绿、乌龙茶青褐色、黑茶黑油色等。但是无论何种茶类，好茶均要求色泽一致，光泽明亮，油润鲜活，如果色泽不一，深浅不同，暗而无光，说明原料老嫩不一，做工差，品质劣。选购茶叶时，根据具体购买的茶类判断即可。

3. 看汤色

不同的茶叶有不同的汤色标准。如红茶红艳鲜亮、绿茶嫩绿明亮、乌龙茶橙黄明亮的都是好茶，但是无论如何变化，均以茶汤清澈为好，若夹杂茶末，茶汤色混杂不清，则说明茶叶质量较差。

4. 闻味道

选购时可以闻一闻茶叶的味道，如果茶香气明显，则是好茶。除此之外，买回家的茶叶可以冲泡之后再闻香气，如果由热气烘托的茶香更明显，则证明是好茶。

5. 尝味道

优质的茶叶口感浓醇、鲜爽、饱满。可以单独嚼一片干茶叶，如果满口茶香，说明茶叶品质较好。也可以小口品尝茶汤，茶香味浓郁，有回甘，也是好茶。

6. 看叶底

叶底主要看完整度、嫩度、明亮度，如果芽叶完整、明亮度好，说明是上品。通过叶底可分辨茶叶的真假，也可分辨茶树品种及栽培状况的好坏，并能观察出采制中的一些问题。

7. 看购买渠道

无论是购买带包装的茶叶还是购买散装茶叶，都最好从正规渠道，比如茶叶专门店、商场、超市等地方选购，这些场所进货渠道会有把控，更加正规。

8. 看包装

在购买包装茶叶时，要查看茶叶的生产日期、保质期、茶叶的质量等级及食品生产许可证编号，遇到标识不齐全的包装茶叶就不要选购了。

Part 10　方便食品，

别让方便迷惑了双眼

方便食品，方便与危害并存

方便食品，也称作简便食品，是指以米、面、杂粮等粮食为主要原料加工制成，大部分是经过初级加工生产成品，只需简单烹制即可作为主食的食品。因为具有食用简便、携带方便、易于储藏等特点，所以被称为方便食品。方便食品是"垃圾食品"当中的一类，但是仔细挑选，还是可以挑出安全、有营养的。

方便食品虽然方便，但是危害也不小

方便食品的种类多，方便了我们日常饮食的同时，对健康也有一定的危害。

1. 各种方便食品

（1）即食食品。如各种糕点、面包、馒头、油饼、麻花、汤圆、饺子、馄饨等，这类食品通常买来后就可食用，而且各具特色。

（2）速冻食品。把各种食物事先烹调好，然后放入容器中迅速冷冻，买回家后稍微加热后就可以食用。

（3）干的或粉状方便食品。比如方便面、方便米粉、方便米饭、方便饮料或调料、速溶奶粉等，通过加水泡或开水冲调就可以立即食用。

（4）罐头食品。即指用薄膜代替金属及玻璃瓶装的一种罐头。这种食品较好地保持了食品的原有风味，体积小，重量轻，卫生方便，只是价格稍高。

（5）方便菜肴。是指将中式菜品经过工艺改进批量生产，之后定量包装、速冻的方便菜品，加热或开袋即食。它继承了传统烹饪工艺的色香味，满足了快节奏生活对美味的需求，只是营养上大打折扣。

2. 逃不开的危害

（1）高油脂。方便食品一般油脂较高，积存在血管和其他器官中，容易导致老化现象，加速人体衰老，引起动脉硬化，导致心脏病、肾脏病等多种疾病。

（2）高盐。很多方便食品盐分很高，比如经常吃方便面会因为摄入过量的盐分而易患高血压，且容易损害肾脏。

（3）磷酸盐过高。方便食品中大多磷酸盐过高，人体摄入过多会使体内的钙无法充分吸收、利用，容易引起骨折、牙齿脱落和骨骼变形。

（4）防氧化剂。方便食品大多含有防氧化剂，防氧化剂长期贮存受环境影响容易变质，食用后对人体健康有一定危害。

🛒方便食品挑选两原则

1. 保质期越短越好

保质期是指保证食品出厂时具备的应有品质在一定期间内可以安全食用的日期，过期后食品品质会有所下降，虽然还能吃，但是食用安全性已经不能保证。在购买方便食品时，一定要认真查看保质期，以免买到过期食品。由于每种食品的保质期不一样，即使是同一种食品，保质期也有长有短。比如牛奶，保质期短则3~5天，长则半年。因此建议尽量选择保质期短的方便食品，这样的方便食品中可以保留更多的营养，且能在一定程度上避免食品添加剂过多的危险。

2. 配料表越短越好

关于配料表，国家法律法规规定：食品在加工过程中用到的所有原料都要标注出来，而且标注的顺序要按用量大小从高到低的顺序排列。查看配料表时，从前三位基本可以看出食品的本质是什么。比如前三位是水、牛乳、白砂糖，有可能是含乳饮料；前三位是水、白砂糖、牛乳，有可能是含奶量较少的饮料。除此之外，还要看配料表的长短，除了主料之外，方便食品一般都是食品添加剂，所以配料表越短，食品添加剂的添加量越少，对健康的负面影响就越小。

劣质方便面会致癌，学会挑选是关键

方便面又称快餐面、泡面等，是我们日常生活中经常食用的快餐食品之一。不过方便面含盐分高，含丙烯酰胺，营养单调，算不上什么健康食品，经常食用还容易导致营养不良，增加患病概率。尤其是劣质方便面，常吃甚至会致癌，在挑选时一定要引起足够的警惕。

劣质方便面可能会致癌

方便面是垃圾食品这个说法属于冷饭热炒，简直时时刻刻都在流传。比如"方便面含有大量防腐剂""常吃方便面能致癌""方便面是最垃圾的食品"等。方便面之所以如此被人们诟病，认为多吃不利于身体健康，主要是因为方便面油脂含量高、含有大量食品添加剂、含有丙烯酰胺、营养单一等，其实单纯的含有这些物质，只要在国家限定标准内，并不会致癌。之所以说方便面容易致癌，说的是劣质方便面。劣质方便面一般存在假冒、黑心油、问题调料包等问题，所谓黑心油是厂商用廉价的棉籽油和铜叶绿素、人工香精、色素调制成"高级"食用油，用这种食用油制作的方便面、调料包风险不可控，对人体健康威胁极大，长期食用导致患癌风险大大增加。

精心选出优质方便面

1. 看方便面本身

（1）看色泽。凡是面饼呈均匀乳白色或淡黄色，无焦、生现象的即为合格的方便面。

（2）闻气味。优质的方便面气味正常，无霉味、哈喇味及其他异味。

（3）看外观。优质方便面外形整齐，花纹均匀。

（4）看复水。面条复水后无明显断条、并条，口感不夹生、不粘牙的为合格方便面。

2. 看包装

（1）看品牌。挑选有食品生产许可证编号的产品。并且尽量挑选名牌产品。名牌产品一般口碑较好，生产规模较大，比较有保障。而且就国家监督情况来看质量相对较好。挑选这样的方便面，在品质、卫生、口味、营养方面都比较有保障。

（2）看生产日期。注意方便面的生产日期，尽量选择日期比较近的产品。

（3）看配料表。注意方便面的配料表，主要配料在上面都可以看到，尽量选择配料中食品添加剂比较少的。同时也可以根据参考配料选择口味。

（4）看包装。选择方便面的时候，一定要选择包装完好、商标明确、厂家清楚的，这样的方便面才有可能是优质方便面。

当然，如果想要方便面吃得更健康，单单挑选是不够的，还需要在食用时加入新鲜的青菜、鸡蛋、肉类等来增加方便面的营养，并且不要喝汤。

火腿肠，一定要选择正规产品

火腿肠是深受广大消费者欢迎的一种肉类食品，是以禽畜肉为主要原料，添加淀粉、植物蛋白粉、各种调味品以及食品添加剂制成的一种快餐食品。火腿肠的特点是肉质细腻、鲜嫩爽口、携带方便、食用简单、保质期长等，适合绝大多数人群食用。不过孕妇、儿童、老年人和体弱者少吃或不吃为好，肝肾功能不全者不宜食用。除此之外，火腿肠含有大量食品添加剂，作为禽畜肉的原料也容易细菌超标，所以火腿肠要慎重挑选，适量食用。

🛒 火腿肠常见安全隐患

1. 病猪肉火腿肠

不良厂家为了压缩生产成本，选择病猪肉、淋巴肉等制成火腿肠，吃多了会在体内累积毒素，导致食物中毒，甚至致病、致癌。

2. 亚硝酸钠火腿肠

用劣质肉做出的火腿肠无论是口味还是卖相都不如健康的肉做出的火腿肠，所以有些不良厂家便会在火腿肠中加入各种添加剂，比如作为防腐剂和着色剂的亚硝酸钠。亚硝酸钠中的一氧化氮与猪肉中的蛋白质相结合，会生成鲜红色的亚硝基蛋白，经过这样处理之后，火腿肠的颜色会变得比较漂亮，但是经常食用这样的火腿肠会出现头疼、头晕、恶心、腹泻等一系列症状，严重的话甚至会导致急性中毒，危及生命安全。

优质火腿肠这样挑

1. 看外观

新鲜优质的火腿肠肠体干燥，比较紧实，有弹性；劣质的火腿肠肠衣湿而黏，肠体没有弹性。

2. 闻气味

新鲜优质的火腿肠有香肠固有的肉香味，但是劣质的火腿肠即使添加了香精，仔细闻也可能存在酸酸的油脂味道，或者是其他异味。

3. 看切片

优质的火腿肠切片光泽、油亮且平整，劣质的火腿肠切片周围有淡灰色的环，且容易松散。

除此之外，还要看包装完好程度、包装袋上的信息齐全程度和品牌等，综合考量之后，便能在最大程度上选出有质量保障的火腿肠。

速冻食品，拒绝反复速冻的

为了方便，很多家庭都会选择速冻食品，如速冻包子、速冻饺子、速冻汤圆、速冻馒头、速冻牛排、速冻虾仁等方便食品，以便于快速烹调。但是速冻食品在给人们带来方便的同时，也有很多人担心其是否安全、营养。

🛒方便的速冻食品，营养会打折扣

速冻食品是指将米、面、杂粮、肉类、蔬菜等食品原材料通过急速低温加工而成，随后一直保存在 -18℃ 的环境中的方便食品。目前市场上销售的速冻食品主要有鱼、虾、蟹肉棒等水产速冻食品，青豆、竹笋等果蔬速冻食品，猪肉、牛肉、鸡肉等禽畜肉类速冻食品，包子、水饺、馒头等面食类速冻食品和鱼丸、裹面油炸类鸡块等调味水产制品。

一般来说，通过急速低温加工而成的速冻食品，食物组织中的水分、汁液不会流失，而且在这样的低温下，微生物基本上不会繁殖，食品的安全有了保证，但食物口感、风味、营养方面的变化却难以避免。从营养方面来说，食物速冻后，食物中的脂肪会缓慢氧化，维生素也会缓慢分解，经过一段时间之后，食物所剩的营养基本没有多少了，跟新鲜的食材无法相提并论。而且，速冻食品的脂肪含量、盐分含量相对较高，对身体健康影响较大，尤其是对高血压、心脏病、肾脏病患者来说，危害更大，所以一般人群尽量少吃，特殊人群尽量不吃为宜。

4 步，选出质量有保障的速冻食品

1. 看包装

挑选时要注意查看外包装上的标签标识是否齐全，包装袋是否有破损，并尽量把大厂生产或名牌的产品作为首选。

2. 看保质期

速冻食品的保质期一般在 – 18℃ 的温度下可以保存 3 个月，可是真正意义上的保质期远远低于 3 个月，因为在售卖过程中，一旦商家没有严格控制温度，那么速冻食品就不能保证 3 个月之内不发生质变。所以选购速冻食品时一定要挑生产日期比较新的，距离保质期过期比较远的。

3. 看渠道

挑选速冻食品时，一定要选购正规商家销售的产品，正规商家采购的食品可以保障在运输过程中全程冷链，减少运输过程中微生物污染。

4. 看食品本身

选购时要挑选没有冰霜、裂缝、变软的速冻食品。如果有，一般说明食品因为运输、贮藏过程中的温度波动，导致水分转移或大冰晶形成，营养和口感已经变差。此外，尤其不能买反复速冻过的速冻食品，这样的速冻食品中的细菌量呈指数增长，甚至已经变质。

各类饼干，学会挑选才能保证健康

饼干是我们常常食用的休闲食品之一，有酥性饼干、韧性饼干、苏打饼干、薄脆饼干、曲奇饼干、夹心饼干、威化饼干、蛋黄圆饼干、蛋卷等诸多种类。由于饼干的食品添加剂也不少，而且还有五花八门的广告做"引导"，所以只有自己了解饼干，并且适当选购，才能最大限度保证身体健康。

🛒 饼干多样，挑选总原则不变

一般来说，饼干的主要原料是小麦粉，再添加糖类、油脂、蛋品、乳制品等辅料，根据配方和生产工艺的不同，制成不同类型的饼干。所以想要选择相对比较健康的饼干，有原则可循。

1. 看配料表

（1）看油脂。标识为普通植物油的，油脂相对较好；标识为牛油、猪油、黄油等动物油脂的，因为脂肪饱和度较高，营养价值较低；标识为"起酥油""植物奶油""氢化植物油"的油脂含有反式脂肪酸，是最不利于健康的。

（2）糖。无论是白糖，还是葡萄糖浆、麦芽糖浆、淀粉糖浆、玉米糖浆等，都是含有能量的简单糖类，健康效果是一样的。因此选购时要小心有些企业用其他糖浆替代白糖之后便号称"无糖食品"。

（3）其他配料。饼干的各种口味基本上是来自于香精和色素。口味越丰富、越新奇的饼干一般更不利于健康。因此选购饼干时要尽量选择饼干配料表比较短的。

2. 尝味道

购买时如果有供品尝的饼干，可以先尝一下味道，尽量选择口味清淡、油脂含量少的。总的来说，含有蔬菜、咸味和甜味较淡、脂肪含量较低的饼干都比较健康。

3. 看包装

购买带包装的饼干，需要包装袋完整、无破损，包装袋上产品信息完整，各类标识齐全。

常见饼干，挑选各有宜忌

1. 全麦饼干

全麦饼干也称消化饼干，是指以全麦、燕麦、麦纤为主要原料的小麦粉制成的饼干。一般在包装上出现的名字有全麦饼、纤维饼、高纤饼、燕麦饼等，其中含有大量的膳食纤维，利于大肠健康。但由于含膳食纤维的饼干口感比较粗糙、难以下咽，为了增加口感，会在饼干中加入大量油脂。所以，挑选全麦饼干时要选择膳食纤维含量高、营养成分表中油脂含量低的品种。

2. 苏打饼干

苏打饼干含糖、含油较少，通常要添加小苏打、泡打粉、膨松剂、饼干品质改良剂等来形成苏打饼干中疏松多孔的结构，不过这些添加剂中都含有碳酸氢钠，导致苏打饼干中含盐量高于普通饼干，特别是一些椒盐口味的苏打饼干含盐量更高。经常食用这样的饼干会增加肾脏负担，升高血压，促进尿钙流失。所以，选购苏打饼干要注意含盐量，并尽量少吃。

3. 曲奇饼干

曲奇饼干在制作过程中会添加乳制品、大量油脂来增加口感，一般食用3~5块曲奇饼干相当于摄入1勺油，所以平时要适量选购。为了避免摄入过多的油脂，可以用吸油纸包住曲奇饼干，并用重物压住，待油脂被大量析出后再食用。

4. 无糖饼干

外包装上标识"无蔗糖"的饼干是指在制作饼干的过程中，不加入含蔗糖的配料，如白砂糖、冰糖、红糖等，但其中会加入麦芽糖、葡萄糖、果糖、果葡糖浆等很多不是蔗糖的甜味配料。如果一旦标识"无糖"，即指饼干内既不添加蔗糖，也不添加其他甜味配料，购买时不要光看广告，要看包装袋上的配料表中是否确实不含有任何糖类。

5. 营养强化饼干

市场上有一些强化了营养素的饼干，比如高钙饼干、高铁饼干等，凡是这样的饼干，选购时都要着重看营养成分表，而且一般会发现这些营养元素并没有比普通的饼干高多少。因此，还是要少选、少吃。

面包，购买时要避免加了溴酸钾的

面包是一种用五谷，一般是麦类磨粉制作并加热而制成的食品。以小麦粉为主要原料，以酵母、鸡蛋、油脂、糖、盐等为辅料，加水调制成面团，经过发酵、分割、成形、醒发、焙烤、冷却等过程加工而成的焙烤食品，有多种口味，饱腹且有一定营养。但是面包当中有一种溴酸钾面包，对身体健康危害较大，在挑选时要格外注意。

溴酸钾面包，安全问题大

在面包制作过程中，一般会加入面包改良剂，一种由乳化剂、氧化剂、酶制剂、无机盐和填充剂等组成的复配型食品添加剂，用于面包制作可以促进面包柔软和增加面包烘烤弹性，并有效延缓面包老化等作用。不过在使用面包改良剂的过程中要注意使用成分和使用量的掌握，因为有的成分属于健康违禁用品，过量使用会产生副作用。比如溴酸钾面包。

硝酸钾曾经一度是备受欢迎的面包改良剂，是面包松软美味的秘诀，不过经动物实验表明，溴酸钾会引起动物呕吐、腹泻甚至致癌，所以1992年联合国农粮组织和世界卫生组织确认溴酸钾的危害，2005年7月，我国对溴酸钾颁布了禁令。不过仍然有一些不良商家贪图溴酸钾便宜、好用，继续用于面包制作。虽然面包经过高温烘烤，大部分溴酸钾会转化成对人体无害的溴化钾，偶尔吃一次不会对身体造成太大伤害，但是仍要注意辨别，以不食用此种面包为宜。

面包，这样挑选更安全

1. 看体积、掂分量

用溴酸钾做面包改良剂制成的面包，体积大、分量轻、价格便宜，所以如果有的面包个头大得出奇，但是质量很轻，就要引起足够的警惕了。

2. 买韧性小的面包

平时想吃面包，尽量避免菠萝包、法棍、切片面包等松软、韧性大的面包，以低筋面粉做成的面点、蛋糕等为宜。

3. 看包装

带包装的面包，要确认包装袋完好无损、无胀包，包装袋上信息齐全之后再购买。而且尽量要在正规的超市、商场选购。

好吃不发胖的巧克力，如何选择

巧克力是以可可浆和可可脂为主要原料制成的一种甜食。它不但口感细腻甜美，而且还具有一股浓郁的香气，可以直接食用，也可被用来制作蛋糕、冰激凌等，是很多女性喜欢的甜食。但是由于很多人对巧克力存在误解，所以往往对巧克力望而却步。其实，只要了解这些误解背后的真相，学会挑选优质的巧克力，适量食用对健康是不会产生负面影响的。

对巧克力的 4 大误解

1. 吃巧克力会长胖

吃巧克力会发胖是对巧克力最不科学的误解。人会发胖是因为每个人每天身体消耗的卡路里比摄入的卡路里少，所以才会一天天地长胖，无论吃什么东西都是如此。只要每天食用巧克力不超过 40 克，其他饮食也不超标，就不会因为食用巧克力而长胖。

2. 巧克力是没有营养的糖类食品

巧克力是非常具有营养价值的糖类食品，可以为身体提供诸多营养元素。国际可可组织、国际食品信息委员会、美国人类营养资料服务中心曾经对牛奶巧克力进行研究发现：约 40 克的牛奶巧克力当中就含有 3 克蛋白质，以及人体每天所需 15% 的维生素 B_2、9% 的钙、7% 的铁、9% 的磷、6% 的镁和 8% 的铜，更含有比普通牛奶成分更高的锌、钾、抗癞皮病维生素等，所以适当选购、食用巧克力还是有益的。

3. 吃巧克力会引起蛀牙

据波士顿牙医中心、宾夕法尼亚大学牙医学院研究发现：任何食品中的糖分在口中停留的时间久了，都会有引起各种牙齿疾病的危险，巧克力也不例外。但是巧克力中含有一种抵抗糖分中容易破坏牙床引起蛀牙的酸性物质的天然成分。而且巧克力的可可牛油所含的蛋白质、钙、磷酸盐以及其他矿物质对牙床还有明显的保护作用，能减慢牙斑的形成。而且巧克力的糖分比任何其他食品中的糖分在口中要溶得快，所以食用巧克力对形成蛀牙的影响比食用其他糖类食品要相对小得多。所以，只要选出优质巧克力适量食用，不必担心这个问题。

4. 巧克力含有大量咖啡容易使人"上瘾"

约40克的巧克力中仅含有6毫克的咖啡因，即一杯普通咖啡含量的1/20。所以，巧克力中咖啡因使人"上瘾"的问题早已不是问题。人们之所以喜欢吃巧克力，完全是因为巧克力各种各样的味道。

好吃的巧克力，怎么挑选

1. 看成分

选购时查看包装上的营养成分表，可可脂含量高的巧克力对人体健康相对更有益。

2. 看外观

优质巧克力外形整齐，表面光亮、平滑、细腻均匀，掰开之后没有气泡。纯味巧克力呈棕褐色；顶级的纯巧克力与可可豆的颜色相同，呈红褐色；牛奶巧克力颜色略浅些，呈金褐色；白巧克力一般呈奶黄色。

3. 看购买渠道

想要购买优质巧克力，可以去正规的超市、商场以及专卖店选购，这些地方的进货渠道因为把控严格，所以相对比较放心。

4. 尝味道

优质巧克力入口很快就会融化，这是因为优质巧克力含有更多的可可脂。而如果巧克力入口咀嚼一会儿才会融化或者直到咽下去才融化，说明巧克力用的是代可可脂，它是通过植物油氢化或选择性氢化提炼出来的，融化相对较慢。

膨化食品不可多吃，适量选购

膨化食品是以谷类、薯类、豆类等粮食作为主要原料，经过油炸、挤压、焙烤或加压工艺使得粮食体积明显增加而制成的休闲食品。我们日常熟悉的薯条、薯片、锅巴、爆米花、虾条等都属于膨化食品。膨化食品属于高能量、高脂肪、高糖、高盐食品，长期大量食用会带来肥胖、心脑血管疾病等问题，不仅一般人群要少吃，高血压、高血脂患者更要避免食用。

🛒 膨化食品不健康，少吃为好

膨化食品除了高能量、高脂肪、高糖、高盐之外，还存在铝超标的问题。这与膨化食品中添加大量的食品添加剂密不可分，如果儿童大量食用膨化食品，导致摄入过多的铝，会影响身体发育。而且其中所用的甜蜜素、糖精钠、抗氧化剂等，也会给健康带来隐患。

近年来，市场上有很多"非油炸焙烤型"的膨化食品，让人觉得相较于油炸型更健康一点。但是在选购此类产品时，要仔细查看配料表，确定没有为了增加口感而添加更多的油脂、糖和食品添加剂之后再选购，不然它也不会比油炸类膨化食品健康多少。

🛒 如何选购膨化食品

1. 查看配料和营养成分表

尽量选择脂肪含量低、热量低、钠含量低、反式脂肪酸为零的膨化食品，注意查看配料表中是否有氢化植物油、植脂末、起酥油、人造奶油、人造酥油等含有反式脂肪酸的成分。

2. 查看外包装标识是否齐全

选择外包装上明确标有生产日期、保质期、生产商信息、食品生产许可证编号的产品。

3. 查看外包装是否完整

选择包装完整、不漏气的膨化食品。为了防潮、防氧化，保持膨化食品脆脆的口感，厂家在生产膨化食品时会在包装内充入无毒害的氮气，因此保证包装完整、不漏气，便是保证膨化食品没有被微生物污染。

Part 11　食品安全里的养生经，

　　　　吃对才是健康的真"王牌"

参考膳食指南，为选购食材"出谋划策"

膳食指南是由营养健康权威机构为某地区或国家的普通民众发布的指导性意见，以营养学原则为基础，结合本国或本地的实际情况，以促进合理营养、改善健康状况为目的，教育国民如何明智而可行地选择食物、调整膳食。了解中国居民膳食指南，可以为我们日常选购食材提供参考依据，让我们的选购更有针对性，饮食更加营养健康。

🛒 4 条核心饮食推荐，适合一般人群

《中国居民膳食指南》有 6 条核心饮食推荐，适用于一般人群，可以为我们的日常膳食提供意见。由于本书重在选购，所以在此不着重介绍"吃动平衡，健康体重""杜绝浪费，兴新食尚"这两条，以剩余可以为选购提供参考的 4 条为主要内容。

1. 食物多样，谷类为主

每天的膳食应该包括谷薯类、蔬菜水果类、畜禽鱼蛋奶类、大豆坚果类等食物，谷薯类作为主食，建议每日摄入谷薯类食物 250 ~ 400 克，每天摄入 12 种以上食物，每周能摄入 25 种以上食物。

2. 多吃蔬果、奶类、大豆

蔬菜、水果是平衡膳食的重要组成部分，奶制品、豆制品都是非常重要的蛋白质来源，建议餐餐有蔬菜，每日保证能食用 300 ~ 500 克不同种类的蔬菜，其中深色蔬菜应占一半以上，建议增加萝卜、西兰花、菜心等十字花科蔬菜及菌藻类蔬菜的摄入量；建议每天摄入 200 ~ 350 克的多种水

果，值得注意的是，果汁不能替代鲜果；建议多摄入不同种类的乳制品，每日大约摄入300克鲜奶量；建议经常食用豆制品，并适量摄入坚果。

3. 适量吃鱼、禽、蛋、瘦肉

建议每周摄入280～525克的鱼肉、280～525克的畜禽肉、280～350克的蛋类，平均每天摄入总量为120～200克。相比之下优先选择新鲜的鱼肉和禽肉，少吃肥肉、烟熏和腌制肉食品。

4. 少盐少油，控糖限酒

推荐养成清淡的饮食习惯，减少盐、油脂、糖、酒精的摄入量，建议成人每天食盐不超过6克；每天烹调油25～30克；每天摄入的糖不超过50克，最好能控制在25克以内；提倡每日饮用1500～1700毫升的水，水提倡白开水、矿泉水和茶，不建议用各种饮料代替。

特殊人群特殊照顾，膳食指南贴心指导

孕产期女性、儿童、青少年、老年人相较于一般人群来说，对于饮食的要求更为严格、特殊，所以根据膳食指南的贴心指导来选购相应食材，更具针对性。

1. 孕产期女性饮食指导

（1）孕早期女性。膳食清淡、适口；少食多餐；保证摄入足量富含碳水化合物的食物；多摄入富含叶酸的食物并补充叶酸；戒烟、禁酒。

（2）孕中、末期女性饮食指导。适当增加鱼、禽、蛋、瘦肉、海产品的摄入量；适当增加奶类的摄入；常吃含铁丰富的食物；适量身体活动，维持体重的适宜增长。

（3）哺乳期女性饮食指导。增加鱼、禽、蛋、瘦肉及海产品摄入；适当增加奶类、多喝汤水；产褥期食物多样，不过量；忌烟酒，避免喝浓茶和咖啡；科学活动和锻炼，保持健康体重。

2. 婴幼儿及儿童饮食指导

（1）婴幼儿及学龄前儿童饮食指导。0～6月龄婴儿最好纯母乳喂养；

产后尽早开奶，初乳营养最好；尽早抱婴儿到户外活动或适当补充维生素 D；给新生儿和 1~6 月龄婴儿及时补充适量维生素 K；不能用纯母乳喂养时，宜首选婴儿配方食品喂养；定期监测生长发育情况，及时调整饮食方案。

（2）儿童及青少年饮食指导。三餐定时定量，保证吃好早餐，避免盲目节食；吃富含铁和维生素 C 的食物；每天进行充足的户外运动；不抽烟、不饮酒。

3. 老年人饮食指导

食物要粗细搭配、松软、易于消化吸收；合理安排饮食，提高生活质量；重视预防营养不良和贫血；多做户外活动，维持健康体重，并及时调整饮食方案。

维生素补剂，到底该不该买来补

　　维生素是人和动物为维持正常的生理功能而必须从食物中获得的一类有机化合物，对维持人体正常生理功能和健康发挥着重要的作用。虽然人体对维生素的需求量比较小，但是缺乏相应的维生素仍然会引发生理功能障碍和其他疾病。因此，关于维生素的产品越来越多，维生素的广告宣传也越来越多，选择难度也相应变大，所以为了能够选出适合自己的维生素补剂，需要先了解维生素。

多种维生素，到底该不该补充

　　人体体内是无法合成维生素的，必须通过摄入食物进行补充。维生素大致可以分为水溶性维生素和脂溶性维生素两类。其中，水溶性维生素易溶于水中，但是不溶于脂肪和脂溶剂，在人体内不易储存，需要经常摄取。常见的水溶性维生素包括 B 族维生素、维生素 C。如果摄入量不足，水溶性维生素缺乏症很快就会出现，如果摄入量超标也无须担心，多余的水溶性维生素一般会随着尿液排出。

　　脂溶性维生素不溶于水，仅溶于脂肪和脂溶剂，被吸收后储存于脂肪组织。常见的有维生素 A、维生素 D、维生素 E、维生素 K。短期摄入不足并不会出现缺乏症状，但脂肪中贮藏的量耗尽后会出现各种相关症状。不过脂溶性维生素摄入过量会在肝脏中蓄积而引起中毒反应，所以不宜大量补充。

　　由上可见，在合理饮食的基础上，健康人群体内一般不会缺乏维生素，只有营养不良、人体功能有障碍或者老年人、孕妇等特殊人群，才需要适量补充维生素。在补充时最好是经过诊断，有针对性地补充，不要自行选择。

维生素补剂， 如何挑选

1. 查看产品外包装信息

通过外包装信息，可以区分维生素补剂属于哪种类别。可以补充维生素的产品有普通食品、保健食品和药品，在选购时要注意外包装上的标识，区分清楚属于哪种类型，并根据自己的需求合理挑选。

2. 查看所含维生素的种类及来源

外包装上一般会详细列出含有几种维生素，以及每种维生素的来源。比如维生素 A 是一类物质，但是在产品配料表中要标明"β－胡萝卜素"，证明所使用的是 β－胡萝卜素作为维生素 A 的来源；维生素 E 一般会有"d－α－生育酚""dl－α－生育酚"等不同来源，前者是天然形式的维生素 E，后者是人工合成的维生素 E。

3. 查看不同维生素的剂量

在购买维生素补剂时一定要仔细查看标识的剂量，特别是对脂溶性维生素来说，选择剂量小的维生素补剂安全性高于剂量大的。

品种繁多的保健食品，如何选择

保健食品是一类具有特定保健功能或者以补充维生素、矿物质为目的的食品，适合特定人群食用，可以调节人体功能，但是并不能治疗疾病。一般来说，保健食品包括了特定保健功能的食品和营养素补充剂两类食品，在包装上必须印制保健食品"蓝帽子"的标识。目前市场上的保健食品品种非常多，新类型的保健食品也不断出现，与此同时也带来越来越多的争议。那么，面对保健食品，我们到底该如何选择呢？

了解保健食品常见问题，对它有一个正确的认识

1. 市场上保健食品销售的常见问题

目前市场上销售的保健食品十分混乱，存在着很多问题，在选购时一定要谨防这些陷阱。

（1）添加违禁药品。保健食品的保健作用比较缓慢，一些不良商家为了消费者服用后迅速出现效果，提高销量，会在保健食品中非法添加一些药物。比如具有减肥功能的保健食品中非法添加西布曲明、酚酞，具有辅助降血糖功能的保健食品中非法添加二甲双胍、格列苯脲等，消费者在不知情的情况下摄入过量的药物会对健康造成损害。

（2）委托加工。由于目前国家对保健食品的要求越来越严格，所以很多新企业无法拿到批准文号，便委托已经拥有资质的企业进行加工，在这个环节中，很容易出现不按照批准的配方生产、产品质量难以保证等安全隐患。

（3）夸大宣传。保健食品虚假夸大宣传的问题十分突出，不少企业将保健食品宣传得包治百病、起死回生，不仅会误导消费者高价购买，更容易导致一些需要药物治疗的患者停药服用保健食品，延误病情，严重地危害了人们的健康。

2. 正确认识保健食品

（1）保健食品的作用。我国的保健食品需要经过严格审批，对声称有功能的保健食品，必须经过动物和人体试验证实其声称的功能，才能获得批准进入市场。相比药物的治疗作用，保健食品具备的是保健功能，即使有相关功能，也是缓慢、隐性的，并不能起到治病作用。

此外，国家对于保健食品的功能有严格的规定，目前只能标识有以下18种功能：有助于增强免疫力、降低血脂、降低血糖、改善睡眠、抗氧化、缓解运动疲劳、减少体内脂肪、增加骨密度、改善缺铁性贫血、改善记忆、清咽、提高缺氧耐受力、降低酒精性肝损伤危害、排铅、泌乳、缓解视疲劳、改善胃肠功能、促进面部皮肤健康。如果在市场上销售的保健食品超过了以上的宣传范围，便是夸大宣传，不能相信也不宜选购。

（2）保健食品的局限性。尽管保健食品会有一定的作用，但也要认识清楚，保健食品只是一类对身体有益处的食品，其中的一些营养物质也可以从食品中获得，并不是神奇药物。此外，凡是声称具有治疗作用的保健食品一定不要相信，特别是一些高血糖、高血压患者，更不能听信广告宣传将保健食品代替药物来控制疾病。

保健食品选购方法

在选购保健食品之前，一定要注意，保健食品是适宜特定人群食用的，并不是任何人都应该食用。如果需要购买，建议最好先去医院向医生咨询，结合自身情况有针对性购买，不要盲目听信宣传自行选购。

1. 看清包装，选购正规产品

建议到正规的药店、超市进行购买，这样的保健食品来源明确、价格合理，在选购时要查看包装上的保健食品"蓝帽子"标识，并且在标识下会印有"国食健字 G 年份 +4 位数字"，进口保健食品的外包装上也可以看到有中文标注的"国食健字 J"字样，只有这些标识齐全的产品才能选购。

2. 看包装上的功效和适宜人群

在保健食品的标签上会附有对其保健功能的介绍，如果超过了以上所说的 18 种功效即为夸大宣传，并不是合格产品。在外包装上也要看清楚标识的适宜人群和不适宜人群，谨慎购买。

3. 看购买渠道

很多人选购保健品时会选择海外代购、朋友圈等渠道，但是对于保健食品来说，不要购买无任何标识或无中文的保健食品，不要参加会议营销模式销售的保健食品，这样的保健食品没有经过国家认证，无法判断其真伪、功效等。

煲汤选药材，以药食同源的为主

在我国传统饮食文化中，养生汤在人们的观念中占据重要的作用。生病、坐月子要喝鸡汤，入冬要喝羊肉汤，美容滋补要喝猪蹄汤，各样保健汤类更是品种繁多、功能多样。但是日常煲汤，如果选择中药材，应当以"药食同源"的药材为主。这些药材经过国家鉴定、审批，对人体无毒副作用，只要在限定范围内，可以用在日常饮食当中。

选药材煲汤，以"药食同源"的为主

很多人在煲汤时会加入一些补益药材，认为这些药材可以让汤的营养更丰富，起到保健作用。其实"是药三分毒"，很多中药材都是具有毒性的，不能随意添加。

1. 常见的毒性较大的中药

（1）毒性为生物碱的中药。包括川乌、草乌等含乌头碱类，百花曼陀罗、小天仙子等含阿托品类，马钱子等含有番木鳖碱类，光慈姑等含秋水仙碱类、含麻黄碱类、含雷公藤类等，食用后均会引发中毒反应，严重者可能会危及生命。

（2）毒性为苷类的中药。包括夹竹桃、罗布麻、苦杏仁等，会损害肝脏，严重者导致肾衰竭。

（3）含毒蛋白的中药。包括巴豆、苍耳子、蓖麻子等植物的种子，其中均含有毒蛋白，对于胃肠黏膜有强烈的刺激和腐蚀作用。

2. "药食同源"的中药材可以适当选购

我国对可以当作食物的中药材有严格的审批，目前也只有 101 种中药材通过了审批，算作药食同源。其他类别的中药的成分十分复杂，对剂量的精确度要求较高，如果私自使用一些中药材、不控制剂量进行煲汤，无疑是制作了一碗"毒药"，对健康并无益处。

（1）国家卫计委公布的既是食品又是药品的中药名单。2012 年，卫计委公布了 86 种既是食品又是药品的中药名单。具体是：丁香、八角、茴香、刀豆、小茴香、小蓟、山药、山楂、马齿苋、乌梢蛇、乌梅、木瓜、火麻仁、代代花、玉竹、甘草、白芷、白果、白扁豆、白扁豆花、龙眼肉（桂圆）、决明子、百合、肉豆蔻、肉桂、余甘子、佛手、杏仁、沙棘、芡实、花椒、红小豆、阿胶、鸡内金、麦芽、昆布、枣（大枣、黑枣、酸枣）、罗汉果、郁李仁、金银花、青果、鱼腥草、姜（生姜、干姜）、枳子、枸杞子、栀子、砂仁、胖大海、茯苓、香橼、香薷、桃仁、桑叶、桑葚、橘红、桔梗、益智仁、荷叶、莱菔子、莲子、高良姜、淡竹叶、淡豆豉、菊花、菊苣、黄芥子、黄精、紫苏、紫苏籽、葛根、黑芝麻、黑胡椒、槐米、槐花、蒲公英、蜂蜜、榧子、酸枣仁、鲜白茅根、鲜芦根、蝮蛇、橘皮、薄荷、薏苡仁、薤白、覆盆子、藿香。

（2）中药材。2014 年，国家卫计委新增了 15 种中药材。具体是：人参、山银花、芫荽、玫瑰花、松花粉、粉葛、布渣叶、夏枯草、当归、山奈、西红花、草果、姜黄、荜茇。

"药食同源"名录上公布的以上中药材和食材，在限定使用范围和剂量内可以作为药食两用。

🛒了解煲汤常见误区，健康煲汤

1. 煲汤的常见误区

（1）鸡汤的营养高于鸡肉。很多人认为鸡汤的营养高于鸡肉，其实在煲汤的过程中，鸡肉中的脂肪、水溶性维生素、钙等矿物质会比较容易溶解到汤中，特别是一些呈味物质会一并溶于汤中，导致汤中的味道较肉更为鲜美。但是，肉中的蛋白质却不会轻易溶于汤中，所以如果只喝汤不吃肉会导致蛋白质营养被浪费掉。

（2）时间越久营养越好。有些地区流传着煲老汤的说法，认为汤煲得时间越久，营养越好。其实，煲汤时间越久，维生素受热损失越多，蛋白质会变性，其他一些营养物质也会分解，反而会降低汤的营养价值。因此建议煲汤一般不要超过两个小时。

（3）肉中营养溶出越多越营养。猪肉、牛肉、羊肉、水产品等嘌呤含量很高，经过水煮后，嘌呤及肌肽、氨基酸等含氮浸出物会溶入汤中，会增加肉汤的鲜美，但同时对于高尿酸患者来说，更容易引发痛风。

2. 如何健康煲汤

（1）因人而异，按需选择。在煲汤时，要根据每个人的身体情况进行选择，特别是加入中药材的老汤，儿童需要谨慎食用。

（2）确认是否属于获批的药食同源的中药材。目前国家批准作为食品的中药材名单可以在国家卫计委的网站上查询到，这些都是经过严格证实可以作为食品食用的，其他未获批的中药材存在着食品安全隐患，不要随意摄取。

（3）合理煲汤。在煲汤时要选择新鲜的食材，煲汤过程中要控制温度和时间，温度太高容易烧干烧焦，时间太长会破坏营养成分。此外，食用不完的汤要妥善贮藏，再次食用时一定要充分加热，以免有害微生物引起腹泻等不良反应。

🛒中药材选购基本原则

1. 看品质

中药材的选购，要把握基本品质，以"杂质较少，色、味纯正，外形美观、质地饱满"为选购原则。比如，枸杞以粒大、肉厚、种子少、色红、质柔软的为佳，大枣以颜色暗红、饱满、皮薄肉厚、光润无虫蛀的为佳。与此同时，要格外关注颜色，太过鲜艳的有可能是经过特殊手段处理过的，不宜选购。

2. 看渠道

选购中药材，一定要去正规的药店，咨询过药店医生用料、用法之后再选择，不要自己随意在没有经过国家认证的渠道购买。